食品安全与微生物检验技术

林丽云　屈岩峰　林　敏　主编

中国纺织出版社有限公司

图书在版编目（CIP）数据

食品安全与微生物检验技术 / 林丽云，屈岩峰，林敏主编 .-- 北京 ：中国纺织出版社有限公司，2023. 7
ISBN 978-7-5229-0845-8

Ⅰ. ①食… Ⅱ. ①林… ②屈… ③林… Ⅲ. ①食品安全-微生物检定-食品检验-教材 Ⅳ. ①TS207. 3

中国国家版本馆 CIP 数据核字（2023）第 151266 号

责任编辑：茹怡珊　　责任校对：高　涵　　责任印制：储志伟

中国纺织出版社有限公司出版发行
地址：北京市朝阳区百子湾东里 A407 号楼　邮政编码：100124
销售电话：010—67004422　传真：010—87155801
http://www. c-textilep. com
中国纺织出版社天猫旗舰店
官方微博 http://weibo. com/2119887771
天津千鹤文化传播有限公司印刷　各地新华书店经销
2023 年 7 月第 1 版第 1 次印刷
开本：710×1000　1/16　印张：13
字数：193 千字　定价：98. 00 元

凡购本书，如有缺页、倒页、脱页，由本社图书营销中心调换

前 言 | Preface

食品安全问题属于公共安全范畴，是目前世界各国学界、业界、政府部门和公众高度关注的热点问题。

科学技术的进步和食品贸易全球化的崭新格局给食品工业注入了新的增长动力，带来了巨大经济利益；与此同时，食品安全问题日趋复杂，甚至对人类自身造成了威胁。在此时代背景下，各国政府和专家学者已达成了共识，认为应进一步加强对食品安全问题的认识、突出科学技术在食品安全保障中的作用、强化食品安全监管和法规体系建设。

本书系统地介绍了食品安全与微生物检验的技术和方法，包括食品安全与微生物检验概述，对食品安全控制体系，食品中微生物的污染与控制，食品微生物检验基本技能，食品产品微生物学检验技术，食品微生物检验方法的进展的介绍。在食物来源广泛的今天，食品的安全问题更值得我们去注意，食品微生物检测的目的就是检测食品中的微生物，为我们的健康提供保障。本书对食品安全与微生物检验技术的探讨，对发展微生物检测技术和食品安全有着重要的意义，全书内容丰富、结构严谨，适用于食品安全相关专业、通识教育，也可供食品相关专业从业人员阅读参考。

本书在撰写过程中，参考和借鉴了其他学者的相关资料，在此深表谢意。由于时间仓促，水平有限，书中难免会有不足，还望广大读者和专家批评指正。

编者

2023 年 4 月

目 录 | Contents

第一章　食品安全与微生物检验

第一节　食品安全的定义

“民以食为天，食以安为先”，食品质量与安全自古以来就被视为民生的基础、国泰民安的根本。食品作为人类赖以生存的物质基础，应当具有营养价值、安全性和色、香、味。然而，人们在追求和享用营养美味食品的同时，也时刻面临着来自自然界的有毒有害物质的危害，尤其是近代工农业发展对环境的污染和破坏，使食品安全形势更加严峻。

一、食品质量的定义及内涵

食品质量是为消费者所接受的食品品质特征。这包括诸如外观（大小、形状、颜色、光泽和稠度）、质构和风味在内的外在因素，也包括分组标准（如蛋类）和内在因素（化学、物理、微生物性的）。

由于食品消费者对制造过程中任何形式的污染都很敏感，因此，质量是重要的食品制造要求。

除配料质量以外，还有卫生要求。要确保食品加工环境清洁，以便能生产出尽量安全的食品。

食品质量涉及产品配料和包装材料供应商的溯源性，以便处理可能发生的产品召回事件。食品质量也与确保提供正确配料和营养信息的标签有关。

（一）食品的质量属性

食品的质量属性通常分为外在属性、内在属性和隐含属性三类。

外在属性——外在质量属性是见到产品就可观察到的属性。这些属性通常与其外观有关，通过视觉和触觉可直接感受到。产品的气味，特别是芳香性果蔬的气味是一个外在属性，但通常与内在属性的关系更大。外在属性通常在消费者选购农产品时起重要作用。

内在属性——内在质量属性通常要到产品切开或品尝食用过以后才能感受到，这些属性的接受水平常常影响消费者是否重复购买该产品。这些内在属性与香气、滋味和感觉（例如口感和韧性）有关，它们通过嗅觉、味觉和口腔感官感受到。外在属性和内在属性的组合决定产品的被接受性。

隐含属性——隐含属性对于大多数消费者来说更难估量和区分，但这类属性感受会对消费者的产品接受性和区别不同食品产生影响。隐含属性包括营养价值和产品的安全性。

（二）影响食品质量的因素

众多因素会影响消费者对食品和食品质量的感受。对于食品而言，许多因素是固有的，即与其物理化学特性有关。这些因素包括配料、加工和贮藏变量。这些变量本质上控制产品的感官特性，对于消费者来说，产品感官特性又是决定接受性和对产品质量感受的最主要变量。事实上，消费者对其他方面食品质量（例如安全性、稳定性，甚至食品的营养价值）的看法，通常是通过见到的感官特性及其随时间发生的变化而形成的。

因此，要理解食品质量由哪些内容构成，关键是要理解以下三者之间的关系：①食品物理化学特性；②将这些特性转化为人类对食品属性感受的感官和生理机制；③那些感受到的属性对于接受性和产品消费的影响。

二、食品安全的定义及内涵

根据1996年世界卫生组织（WHO）的定义，食品安全（food safety）是指“对食品按其原定用途进行制作、食用时不会使消费者健康受到损害的一种担保”。食品安全要求食品对人体健康造成急性或慢性损害的所有危险都不存在，这起初是一个较为绝对的概念。后来人们逐渐认识到，绝对安全是很难做到的，食品安全更应该是一个相对的、广义的概念。一方面，任何一种食品，即使其成分对人体是有益的，如果食用数量过多或食用条件不合适，仍然可能对身体健康引起毒害或损害。比如，食盐过量会中毒，饮酒过度会伤身；另一方面，一些食品的安全性又是因人而异的。比如，鱼、虾、蟹类水产品对多数人是安全的，可确实有人吃了这些水产品就会过敏，会损害身体健康。因此，评价一种食品或者其成分是否安全，不能单纯地看它内在固有的“有毒、有害物质含量”，更要紧的是看它是否造成实际危害。从目前的研究情况来看，在食品安全概念的理解上，国际社会已经基本达成共识，即食品的种植、养殖、加工、包装、贮藏、运输、销售、消费等活动符合国家强制标准和要求，不存在可能损害或威胁人体健康的有毒、有害物质导致消费者病亡或者危及消费者及其后代健康的隐患。

三、食品卫生的定义及内涵

根据1996年世界卫生组织的定义，食品卫生是“为确保食品安全性和适合性，在食物链的所有阶段必须采取的一切条件和措施”。对食品而言，食品卫生旨在创造一个清洁生产并且有利于健康的环境，使食品在生产和消费过程中进行有效的卫生操作，确保整个食品链的安全卫生（食品链是指初级生产直至消费的各个环节和操作的顺序，涉及食品及其辅料的生产、加工、分销和处理）。

四、食品质量、安全与卫生的关系

提到食品安全、质量与卫生，无可避免地要提出关于食品安全、食品卫生和食品质量的概念以及三者之间的关系。

对此，有关国际组织在不同文献中有不同的表述，国内专家学者对此也有不同的认识。1996年世界卫生组织将食品安全界定为“对食品按其原定用途进行制作、食用时不会使消费者健康受到损害的一种担保”，将食品卫生界定为“为确保食品安全性和适用性在食物链的所有阶段必须采取的一切条件和措施”，食品质量则是食品满足消费者明确或者隐含需要的特性。

不同国家以及不同时期，食品安全所面临的突出问题和治理要求有所不同。在发达国家，食品安全所关注的主要是因科学技术发展所引发的问题，如转基因食品对人类健康的影响；而在发展中国家，食品安全所侧重的则是市场经济发育不成熟所引发的问题，如假冒伪劣、有毒有害食品及非法生产经营。我国的食品安全问题则包括上述全部内容。

因此，国家质量监督检验检疫总局于2004年发布实施了《食品安全管理体系要求》标准（SN/T 1443.1—2004），该标准从技术管理角度，提出了“在特定产品的食品链中系统地预防、控制和防范所有涉及食品安全的特定危害”，通过“食品链”，确立了“食品安全”的综合概念，明确食品安全包括食品（食物）的初级生产、加工、包装、贮藏、运输、销售或制售直到最终消费的所有环节，包括食品卫生、食品质量、食品营养等相关方面的内容。该食品安全概念统一了各环节、各部门的准入条件、相关法规标准内容等，避免了同一企业在同一环节的卫生、质量等多要素的重复管理。

需要说明的是，食品安全、食品卫生和食品质量的关系，三者之间绝不是相互平行，也绝不是相互交叉。食品安全包括食品卫生与食品质量，而食品卫生与食品质量之间存在着一定的交叉关系。食品安全的概念涵盖食品卫生、食品质量的概念，但并不是否定或者取消食品卫生、食品质量的概念，而是在更加科学的体系下，以更加系统化的视角看待食品卫生和食品质量管理。

第二节　食品安全的影响因素

一、食源性疾病不断增加的原因

食品的质量安全问题会对人体造成危害，导致食源性疾病的产生。食源性疾病是指通过摄食而进入人体的有毒有害物质（包括生物性病原体）等致病因子所造成的疾病。一般可分为感染性和中毒性，包括常见的食物中毒、肠道传染病、人畜共患传染病、寄生虫病以及化学性有毒有害物质所引起的疾病。食源性疾患的发病率居各类疾病总发病率的前列，是当前世界上最突出的卫生问题。

（一）人口膨胀

人口膨胀是指某个国家或地区的人口在短时间之内迅速增长而生产总值没有提高或提高很少。人口膨胀会给社会经济带来负面影响。大约在 100 万年前，人类的祖先诞生。数千年前，出现了古埃及、古巴比伦、古印度和古代中国四大文明古国。380 年前，西班牙、荷兰、英国等向世界各地发展自己的殖民地。大约 200 年前，产业革命爆发，人类发明了各种机器，诞生了工业。正是由这一时期开始，人口数量剧增。距今 400 多年前，世界人口大约为 4 亿，而 1990 年约为 52 亿，预计 2050 年将达到 100 亿。尤其是亚洲、非洲、南美洲等发展中国家，人口急剧增多。此外，美国、欧洲、日本等发达国家人口增长缓慢，但工业的发展使资源、能源、食品等的消费量不断增加。

据国外媒体报道，瑞典科学家日前表示，由于人口膨胀与食物短缺的影响，在2050年之前，全球人类或将被迫吃素来维持那时90亿人的生存，否则无法渡过粮食危机的难关。2012年，世界水资源会议在瑞典举行，斯德哥尔摩国际水研究所（Stockholm International Water Institute）的研究人员在会中指出，如果按照目前西方的饮食趋势，到了2050年我们将没有足够的水资源用以灌溉农田并生产粮食，难以满足那时90亿人口的需求。据了解，人们从动物身上获取约20%的蛋白质，而到2050年，随着人口的增加，这一数据将下降至5%。专家指出，食用动物蛋白的人消耗的水是素食者的5~10倍。

（二）城市化问题

城市化（urbanization）也有的学者称为城镇化、都市化，是由农业为主的传统乡村社会向以工业和服务业为主的现代城市社会逐渐转变的历史过程，具体包括人口职业的转变、产业结构的转变、土地及地域空间的变化。2011年12月，中国社会蓝皮书发布，我国城镇人口占总人口的比率将首次超过50%，标志着我国城市化率首次突破50%。随着城市化进程加速，消费者对食品的需求也发生了改变，从追求数量为主转变为以追求新类型、多口味和高品质为主的食品。短时间内较快增长的需求对食品行业提出了更高要求。如图1-1所示，由于城市化的不断扩大，食品原料生产到消费的食品供应环节变得越来越复杂，而每增加一个环节就会增加一道风险。

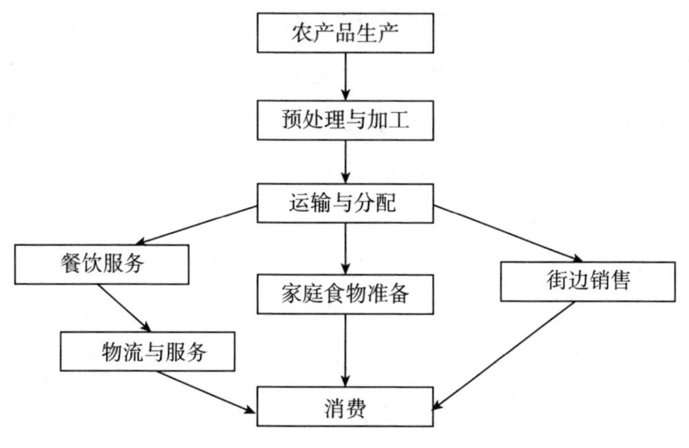

图1-1　食品原料生产至消费各环节示意图

另外，随着生活节奏的加快，人们的饮食结构也发生新的变化。外出就餐的机会增多，生冷食物、动物性食物、煎炸烧烤食物增多，由于技术滞后，产生了许多新的潜在的不安全因素。

（三）食品供应链延长

食品供应链是从食品的初级生产者到消费者各环节的经济利益主体（包括其前端的生产资料供应者和后端的作为规制者的政府）所组成的整体。

在世界范围内，尤其是在以我国为代表的发展中国家和地区，城市化的发展对基础设施建设、管理水平等方面都提出了更高的要求。城市化在一定程度上延长了食品供应链，增加了食品供应环节，加大了食品出现安全风险的概率。

城市化导致农业生产过程缺乏控制，化肥、农药和兽药使用量过大，既造成环境污染，也导致食品的有害物质残留。中国虽然也有很多大型现代化食品企业，但目前大部分食品加工企业都还是小规模食品厂或手工作坊，很多企业缺乏必要的安全加工设施和环境。大部分企业虽然有食品卫生标准和制度，但是加工过程缺乏对食品质量和食品卫生进行严格控制的意识。企业经营中普遍存在着机会主义行为，产品安全标志与实际状况不相符。更为严重的是，一些食品竟是在缺乏生产许可的情况下非法加工出来的，这给市场秩序和人的生命安全造成严重威胁。目前我国食品零售渠道主要有超市、农贸市场、副食品商店等。农贸市场虽然制定有食品安全监管制度，但缺少足够的食品安全检测手段和检测设备以及检测人员。超市虽然是食品安全信誉较高的地方，但食品安全隐患依然存在，如鲜活产品的有毒有害物质残留超标、随意更改产品保质期、新鲜产品与过期产品混杂等。此外，大量的城市地摊以及农村的集市仍处于安全监管范围之外，一些非法加工的劣质食品逃避监管直接进入市场。食品物流环节包括运输和储存，我国目前80%的食品通过公路运输，而公路运输中专用运输工具又极为缺乏。此外，食品仓储容量不足、库点分布不合理、规模普遍偏小。由于物流体系不健全，食品在流通环节损耗率高，受到二次污染的可能性更大。据估计，2002年食品运输过程中形成的损失不低于750亿美元，海鲜、乳制品等易腐食品售价中的70%是用来补贴流通过程中货物损失的支出。

在欧洲，当今人们更倾向于较短的食品供应链，即从农场直接配送到家庭，以确保食品的安全和新鲜，避免不确定性和信息的不对称。

由于交通基础设施建设长期欠账，积重难返，目前我国布局合理、功能完善、方便快捷的道路交通运输网络尚未形成，专门用于食品运输的公路、铁路、航空及水上常年性运输通道更是无从谈起。尤其是内地的一些地区交通运输基础设施陈旧落后，建设规划不到位，还有不少地方的交通运输布局长期不合理，建设速度远远跟不上发展的需要，致使食品供应链物流阻塞时有发生，甚至使食品供应链频繁出现断链现象。

由于我国目前的港口冷藏设备和冷藏仓储基础设施严重不足且发展滞后，无法形成真正意义上的冷冻冷藏食品供应链。现实中所谓的食品供应链，充其量不过是一般商品供应链的简单延伸而已，根本无法适应食品安全呼声日高及食品贸易国际化的要求。一位国际食品冷藏物流供应链发展商曾坦承，由于在中国内地港口难以找到合适的冷库和其他专用食品仓储设备，他的公司在过去的20多年里不得不把冷冻食品中的85%运送到中国香港特区或东南亚一些港口，然后再把冷冻食品分期分批转运到中国大陆，只有15%的冷藏食品直接运到港口冷藏设备和冷藏仓储基础设施条件相对较好的上海、大连等港口。由此可见，目前我国的食品冷冻冷藏供应链还存在很多问题和不足，亟待提升和完善。

从目前我国易腐保鲜食品的装卸搬运上看，无论是装船卸船，还是装车卸车，大多都是在露天作业，而不是按照IS09001：2008质量标准或安全食品供应链标准IS022000：2005等国际食品质量安全标准的要求，在冷库和保温场所操作，也无法达到危害分析与关键控制点（HACCP）的食品安全危害控制要求。此外，在我国现有的公路食品运输总量中，易腐保鲜食品的冷藏运输率只有20%左右，其余80%左右的果蔬、禽蛋、肉食、水产品大多是用普通厢式货车运输，甚至直接用普通卡车运输。由于我国食品运输采用公路冷藏运输的比例较低，因此食品损耗高、效率低的问题一直没得到很好地解决，整个物流费用占食品零售价格的70%以上，远远高于“食品物流成本最高不能超过食品总成本的50%”的国际标准，极大地削弱了我国食品在国际市场上的竞争力。

尽管我国食品行业近年来在制造过程机械化、仓储管理自动化以及产品品牌推广、物流配送和食品安全控制等方面已取得了不俗的成绩，但时至今日，现代物流信息技术和设施在食品供应链物流中的应用仍然很不充分，信息化水平较低，尤其是能反映物流现代化水平的物流信息技术和装备设施，以及农产品食品保鲜技术、低温制冷技术、冷链设计技术、智能化仓储和配送技术与装备等在食品物流供应链中的应用普及程度比较低，从而严重影响了我国食品供应链的总体运作水平和运作效率，延缓了我国食品供应链与国际接轨的进程。由于食品供应链的信息化水平低，致使食品供应链上的信息阻塞，不够透明和畅通，供应链各环节时常脱钩，从而造成食品在运输途中发生无谓耽搁，大大增加了食品的安全风险。国外的实践也已证明，食品供应链的高效运作离不开供应链上各成员单位的精诚合作，因此食品流通领域的核心竞争早已从产品、资金、网点布局、品牌宣传的竞争，发展到自动化技术、科学物流配送、人性化服务的供应链竞争，即以现代化、信息化为手段的提高周转率、加快市场响应速度、降低安全风险和严格成本控制的信息化大战。但遗憾的是，目前国内食品流通行业还存在诸多问题。我国的食品供应链先天不足，长期以来一直存在着不少问题。如忽视市场预测或预测不准、计划调整和生产要么过剩要么不足、食品批号老化、对客户要求反应迟钝、渠道渗透及产品铺货率低、产品推广不理想、安全责任难以划分、横向协调较难、配送作业主动性差等，这些都属于供应链运作的问题或与供应链密切相关。从供应链集成整合的角度看，这些问题不是孤立的点，而是相互联系的链，是供应链策略及流程运作系统的问题。如物流成本高和物流服务水平低等问题久拖不决，原因就在于食品供应网络布局、需求预测、库存控制和分销政策等方面存在问题。因此，尚无法为决策者监控食品供应链的安全危害、关键控制点和及时解决供应链运作过程中的具体问题提供强有力的信息保障。

（四）高风险人群增加

高风险人群主要包括老年人、婴幼儿、孕妇和免疫机能低下者等群体。随着社会经济的不断发展，现代社会生活工作节奏也日益加快，改变了原有的生活习惯、膳食结构，导致身体机能下降，亚健康状况增多，促使高风险人群数量增长很快。

（五）工业化、集约化的食品生产和加工

农业生产和工业生产内在的本质不同，决定了两种生产方式之间的差异。建立在分工化、专业化、标准化、市场化基础上的工业化生产方式，之所以

能成为引发工业革命、导致生产率持续增长的生产方式，就是因为这种生产方式最大限度地发挥了工具创新与科学技术的进步。然而，同样的生产方式在农业生产领域不仅在提高生产率上的作用是有限的，还会留下众多“后遗症”。

农作物生产的过程，是一个依靠天时地利的过程，这就决定了农业生产不可能像工业生产那样，仅仅通过工具创新就能不断实现生产率倍增。在人类没有能力改变天时地利的前提下，无论工具如何创新，其对农业生产率的提高都是有限的。也正是由于这个原因，中国古代传统农业的发展，并没有把过多的精力放在农业工具的创新上，而是放在了如何更好地认识天时地利的运行规律之上，如何顺应天时与巧借地利上。

工业化的生产方式，不仅导致了土壤、水与环境的污染，也使食品的品质与安全性下降。生物成长的过程，虽然包含物理与化学的过程，但并不等同于这个过程，而是一个基于细胞组织的演化过程。非生物只有解构到原子层，才能激活其所携带的能量与信息。而生物恰恰相反，生物大分子只有合成到细胞的层次，才能形成生命演化。导入农业的高度专业化、标准化、市场化的生产方式，恰恰是让生命沿着从多样化向单一化的方向发展；从应天时、借地利的天人统一的生物生存方式，向把生物纳入工厂化、标准化的生产方式转变，这并非一种现代化的农业生产方式，而是一种违背生命成长规律、扼杀生命、解构生命的方式。

随着食品工业的迅速发展，大量食品新资源、食品添加剂新品种、新型包装材料、新加工技术以及现代生物技术、基因工程技术（基因微生物、基因农产品、基因动物）、酶制剂等新技术不断出现，这些技术一方面能提高食品生产，有利于食品安全；另一方面也可能产生潜在的危害，在应用前必须进行严格的安全性评估。

转基因技术的应用给食品行业的发展带来前所未有的机遇，但转基因食品也存在安全性不确定的问题。要判断转基因食品是否安全，必须以风险性评估分析为基础。由于受到商业、社会、政治、学术等多种因素的限制，科学与统计的数据很难获得，对转基因食品进行风险性分析非常困难。

（六）国际旅游

国际旅游业的发展速度较快，年均增长4%~6%。据世界旅游组织统计，国际旅游人数1992年为476万人，1994年为545万人，1995年为597万人，2000年增至660万人。日益增加的国际旅游人数，一方面使食源性疾病风险不断上升，另一方面对旅游所在地食品安全监控体系提出了更高的要求。来自不同民族、地区或国家的游人汇聚一处，其饮食文化、宗教传承和教育背景均不相同，对食品的口味、风味、营养成分和安全性也有不尽相同的需求，更增加了食品安全的复杂性和不稳定性。

（七）国际贸易日益频繁

食品安全与国际贸易有着千丝万缕的联系，虽然食品安全不是因国际贸易而产生的，但由于进口国对进口食品安全的要求，客观上也促进了食品出口国对食品安全的认识和对食品安全标准及要求的更新，提高出口国的食品安全水平。同时进口国为了推行贸易保护主义，对出口国家的食品设置了诸多技术性贸易壁垒，对食品的安全标准和要求几乎达到了苛刻的程度。

另外，食品的安全问题不仅事关消费者的生命健康，也维系着经济发展，尤其对于发展中国家的农业及经济具有更为重大的影响，其带来的挑战以及所赋予的使命比以往任何时候更加严峻和重大。近年来发生的苏丹红、孔雀石绿、劣质乳粉、肉类氯霉素残留超标、二噁英、瘦肉精等食品安全问题，演变成了“中国食品有毒”的全球性恐慌，严重影响了我国食品行业的整体形象，给中国出口企业的食品安全带来了信用危机，严重影响了国外市场对我国食品的进口需求，食品安全问题已成为我国食品行业参与国际竞争的一道硬伤。当然，外贸问题从来就不是单纯的经济问题，以商品质量为由行贸易壁垒之实，在国际上也时有发生。我国食品行业品牌缺失的不良影响日益凸显，一些国家因我国个别地区的个别食品出了问题就全面封杀我国所有的同类产品，给整个行业的发展蒙上了阴影，美欧等国家出台的花样翻新的技术贸易壁垒成了我国食品出口必须面对的挑战。

（八）食品预处理的不卫生操作

食品在不同环境下进行预处理的方式是否恰当，也会在很大程度上影响食品的安全性（表1-1、表1-2）。

世界卫生组织对食品安全食用提出十大建议，告诫消费者进行自我保护。十大建议如下：①应选择已加工处理过的食品，例如已加工消毒过的牛乳而不是生牛乳；②食物须彻底煮熟食用，特别是家禽、肉类和牛乳；③食物一旦煮好就应立即吃掉，食用煮后在常温下已存放 4~5h 的食物最危险；④食物煮好后难以一次全部吃完，如存放 4~5h，应在高温（60℃左右）或低温（10℃以下）条件下保存；⑤存放过的熟食须重新加热（70℃以上）才能食用；⑥生熟食品避免接触；⑦处理食品前先洗手；⑧厨房须清洁，一块抹布一次使用不超过 1 天，下次使用前应在沸水中煮一下，刀叉具等应用干净布抹干；⑨不让虫、鼠等动物接触食品，杜绝微生物污染；⑩饮用水和准备食品时所需水应纯洁干净。

表 1-1　美国食品服务业中食品加工的不当之处及其引发的食源性疾病

食品加工不当之处	引发食源性疾病比例/%
冷却不足	64
前期加工过多	39
被感染的人员	34
再加热不足	24
热储不足	21
清洗不足	10
交叉污染	10

表 1-2　食源性疾病的爆发率（单位：%）

疾病发生环节	美国	加拿大
餐饮	34.0	32.6
家中	14.7	14.6
食品加工	2.8	5.5
零售食品	—	4.1
种植	—	0.2
其他	—	1.2
不明来源	48.5	41.8

（九）农用化学品使用不当

农用化学品是指农业生产中投入的如化肥、农药、兽药和生长调节剂，它们的使用可促进农产品的生产，在农业持续高速发展中起着重要作用。但在实际生产中，农用化学品存在大量的不当使用现象，主要表现在以下几方面。

（1）农药一是超标或使用不当而污染生态环境；二是水体富营养化（如太湖蓝藻）；三是重金属超标。

（2）激素促使加速人体生长而诱发性早熟或生殖系统疾病。

（3）为降低患病率大量使用抗生素从而导致超级耐药细菌产生。

二、影响食品质量安全的因素

食品的不安全因素贯穿于食物供应的全过程。食品安全性问题发展到今天，已经远远超出传统的食品卫生和食品污染的范围，它涉及从种植、养殖阶段的食品源头到食品销售和消费的整个食品链的所有环节，面临众多影响食品安全的因素。

（一）生物性危害

生物性危害包括有害的细菌、病毒、寄生虫。食品中的生物危害既有可能来自原料，也有可能来自食品的加工过程。

微生物种类繁多分布广泛，被划分成各种类型。食品中重要的微生物种类包括酵母、霉菌、细菌、病毒和原生动物。一般而言，酵母、霉菌不引起食品中的生物危害（虽然某些霉菌产生有害的毒素——化学危害），只有细菌、病毒和原生动物能引起食品的生物性危害，致使食品不安全。

（1）细菌危害是指某些有害细菌在食品中存活时，可以通过活菌的摄入引起人体（通常是肠道）感染或预先在食品中产生的细菌毒素导致人体中毒。前者称为食品感染，后者称为食品中毒。由于细菌是活的生命体，需要营养、水、温度以及空气条件（需氧、厌氧或兼性），因此通过控制这些因素，就能有效地抑制、杀灭致病菌，从而把细菌危害预防、消除或减少到可接受水平——符合规定的卫生标准。例如，控制温度和时间是常用且可行的预防措施——低温可抑制微生物生长，加热可以杀灭微生物。

根据细菌有无芽孢分类，可分成芽孢菌和非芽孢菌。芽孢是细菌在生命周期中处于休眠阶段的生命体，相对于其生长状态下营养细胞或其他非芽泡菌而言，芽孢菌对化学杀菌剂、热力或其他加工处理具有极强的抵抗能力。处于休眠状态下的芽孢是没有危害的，然而一旦食品中残留的致病性芽泡菌的芽泡在食品中萌芽、生长，即会造成危害，使食品不安全。因此，对此类食品的微生物控制必须以杀灭芽孢为目标，显然用于控制芽泡菌的加工步骤要比控制非芽孢菌需要的条件要严格得多。

（2）病毒危害：病毒到处存在，呈非生命体形式的致病因子；自身不能再增殖；个体小，用光学显微镜看不见。病毒的外膜为蛋白质膜，内部为核酸核。病毒通常被称为“细胞内的寄生体”。

当病毒附着在细胞上时，向细胞注射其病毒核酸并夺取寄主细胞成分，产生上百万个新病毒，同时破坏细胞。病毒只对特定动物的特定细胞产生感染作用。因此，食品安全只需考虑对人类有致病作用的病毒，很少量的病毒就可致人患病，病毒在食品中不生长、不繁殖，不会对食品产生腐败作用，病毒能在人体肠道内、被污染的水中和冷冻食品中存活达数个月以上。

食品受病毒污染有如下四个途径。①环境污染致使产品受病毒污染：牡蛎、蛤和贻贝等滤食性贝类能从水中摄取病毒，积聚在黏膜内并转移到消化道中。当人们食用整只生贝时，也就同时摄食了病毒。此外，熟制产品受生产品的交叉污染或员工的污染，也可能使食品携带病毒。②灌溉用水受污染会使蔬菜、水果的表面沉积病毒：一般而言，生食的果蔬都有类似问题。③使用被污染的饮用水清洗或用来制作食品，食品会受病毒污染。④受病毒感染的食品加工人员、卫生不良、使用厕所后未洗手消毒而使病毒进入食品内：与食品相关的病毒主要为肝炎 A 型病毒和诺如病毒。

（3）寄生虫和原生动物危害寄生虫是需要有寄主才能存活的生物，生活在寄主体表或其体内。世界上存在几千种寄生虫。只有约 20%的寄生虫能在食物或水中生存，所知的通过食品感染人类的不到 10 种。通过食物或水感染人类的寄生虫有线虫（*Nematodes/round worms*）、绦虫（*Cestodes/tape worms*）、吸虫（*Trem-atodes/flukes*）和原生动物。这些虫大小不同，有的几乎用肉眼看不到几英尺长（1 英尺=0. 3048 米）。原生动物是单细胞动物，若不借助显微镜大多数是看不见的。

对大多数食品寄生虫而言，食品是它们自然生命循环的一个环节（例如，鱼和肉中的线虫）。当人们连同食品一起吃掉它们时，它们就有了感染人的机会。寄生虫存活的最重要两个因素是合适的寄主（即不是所有的生物都能被寄生虫感染）和合适的环境（即温度、水、盐度等）。

寄生虫可以通过寄主排泄的粪便所污染的水或食品进行传播。防止通过被粪便污染的食品传播寄生虫的方法包括：食品加工人员具有良好的个人卫生习惯；人类粪便的合适处理；严禁用未处理过的污水为作物施肥；合适的污水处理。

消费者是否会受到寄生虫的危害，取决于食品的选择、饮食习惯和食品制作方法。大多数寄生虫对人类无害，但是可能让人感到不舒服。寄生虫感染通常与生的或未煮熟的食品有关，因为彻底加热食品可以杀死所有的寄生虫。在特定情况下，冷冻可以被用来杀死食品中的寄生虫，但消费者生吃含有感染性寄生虫的食品会造成危害。

食品中寄生的原生动物有痢疾阿米巴（*Entamoeba histolytica*）、肠兰伯鞭毛虫（*Lamblia intestinalis*），这些都能对人体造成危害。

（二）化学性危害

化学污染可以发生在食品生产和加工的任何阶段。农药、兽药和食品添加剂等适当地、有控制地使用是没有危害的，然而一旦使用不当或过量就会对消费者造成危害。化学性危害可分为天然存在化学物质、有意加入的化学物质和无意或偶然进入食品的化学物质造成的危害。主要类别如下。

（1）天然存在的化学物质霉菌毒素（如黄曲霉毒素）、鳍鱼毒素（组胺）、鱼肉毒素（*Ciguatoxin*）、蘑菇毒素（*Mushroom toxins*）、贝类毒素（麻痹性贝类毒素、腹泻性贝类毒素、神经性贝类毒素、遗忘性贝类毒素）和生物碱等。

（2）有意加入的化学物质食品添加剂（防腐剂、营养强化剂、色素等）。

（3）无意或偶然进入食品的化学物质农用化学物质（如杀虫剂、杀真菌剂、除草剂、肥料、抗生素和生长激素）、食品法规禁用化学品、有毒元素和化合物（如铅、锌、砷、汞和氰化物）、多氯联苯（PCBS）、工业化学用品（如润滑油、清洁剂、消毒剂和油漆）。

（三）物理性危害

物理性危害包括任何在食品中发现的不正常的有潜在危害的外来物。当消费者误食了外来的材料或物体，可能引起窒息、伤害或产生其他有害健康的问题。物理危害是最常见的消费者投诉的问题。因为伤害会立即发生或在食用后不久发生，并且伤害的来源是容易确认的。在食品中能引起物理危害的材料及来源见表1-3。

表 1-3 食品中引起物理危害的材料及来源

材料	来源
玻璃	瓶子、罐、灯罩、温度计、仪表表盘
金属	机器、大号铅弹、鸟枪子弹、电线、订书钉、建筑物、雇员携带

食品与金属的接触，特别是机器的切割和搅拌操作及使用中部件可能破裂或脱落的零部件，如金属网等，都可使金属碎片进入产品。此类碎片对消费者直接构成危害。物理危害可通过对产品采用金属探测装置或经常检查可能损坏的设备零部件来予以控制。

（四）新产品、新技术及新的销售方式所带来的危害

随着食品工业的迅速发展，大量食品新资源、食品添加剂新品种、新型包装材料、新加工技术以及现代生物技术、基因工程技术（基因微生物、基因农产品、基因动物）、酶制剂等新技术不断出现，这些技术一方面能提高食品生产率，有利于食品安全；另一方面也可能产生潜在的危害，在应用前必须进行严格的安全性评价。

近年来，我国新的食品种类如方便食品和保健食品大量增加，许多新型食品在没有经过充分的危险性评估的情况下就大量上市销售。方便食品中，食品添加剂、包装材料与防霉保鲜剂等化学品的使用是较多的；保健食品的不少原料成分作为药物可以应用，但不少传统药用成分并未经过毒理学评价，作为保健品长期和广泛食用，其安全性值得关注。此外，由于动物防疫、检疫体系不健全引起的人畜共患病、假冒伪劣食品、过量饮酒、不良饮食习惯等给人们的健康带来的危害也应高度重视。

第三节 国际食品安全发展概况

一、国外食品质量概况

自 20 世纪 90 年代以来，国际上食品安全恶性事件时有发生，如英国的疯牛病、比利时的二噁英事件等。随着全球经济的一体化，食品安全已变得没有国界，世界上某一地区的食品安全问题很可能会波及全球，乃至引发双

边或多边的国际食品贸易争端。因此，近年来世界各国都加强了食品安全工作，包括设置监督管理机构、强化或调整政策法规、增加科技投入等。各国政府纷纷采取措施，建立和完善食品管理体系和有关法律法规。美国、欧盟等发达国家不仅对食品原料、加工品有较为完善的标准与检测体系，而且对食品的生产环境以及食品生产对环境的影响都有相应的标准、检测体系及有关法规、法律。

二、国内食品质量概况

改革开放以来，我国在提高食物供给总量、增加食品多样性以及改善国民营养状况方面取得了巨大成就，食品安全水平不断提高，主要体现在以下几个方面。

（一）加工食品质量水平稳步提高

（1）食品总体合格率稳步提升。2006 年我国食品监督抽查合格率 77.9%，到 2007 年上半年，食品抽检合格率上升到 85.1%，之后一直保持上升态势。

（2）我国各省、自治区、直辖市食品质量呈共同提高格局。2007 年上半年全国 31 个省、自治区、直辖市食品质量平均合格率为 89.2%。

（3）重点行业的食品质量达到较高水平。据统计，我国消费量最大的前 10 类食品分别为：食用油、油脂及制品，酒类，水产制品，粮食加工品，饮料，肉制品，乳制品，调味品，淀粉制品，食糖。2007 年上半年，除水产制品抽样合格率为 85%外，其余 9 类食品专项抽查合格率均在 90%以上。

（二）农产品质量合格率持续上升

根据 2007 年上半年的检测结果，蔬菜中农药残留平均合格率为 93.6%；畜产品中“瘦肉精”污染和磺胺类药物残留平均合格率分别为 98.80%和 99.0%；水产品中氯霉素污染的平均合格率为 99.6%，硝基呋喃类代谢物污染合格率为 91.4%，产地药残抽检合格率稳定在 95%以上。

（三）进出口食品质量保持高水平

多年来，我国出口食品合格率保持在 99%以上。据统计，2006 年和 2007 年上半年，出口到美国的食品分别为 9.4 万批和 5.5 万批，合格率分别为

99.2%和99.1%；出口到欧盟的食品分别为9.1万批和6.2万批，合格率分别为99.9%和99.8%。

我国进口食品的质量总体平稳，近年来，没有发生过因进口食品质量安全引起的严重质量安全事故。2006年和2007年上半年，进口食品口岸检验检疫合格率分别为99.11%和99.29%。

（四）食品安全检测监测体系基本框架已经形成

我国食品安全检测监测机构分布在农业部、卫生部、国家质检总局等多个行政部门。目前，卫生部门已经建立并正在逐步完善国家食品安全监测系统，包括食品污染物监测（以化学污染物为主）和食源性疾病监测（以生物性污染和食物中毒为主）；国家质检总局在全国共建有2500多个食品、农产品检测技术机构，建立了28个涉及农产品、食品的国家产品质量监督检验中心，2个国家级涉及食品检测分析的研究所；31个省（市、区）、5个计划单列市、381个地市、2000多个县质量技术监督部门都建有农产品、食品监督检验检测机构；商业部门在全国大型农副产品批发市场普遍配备了卫生质量检测设备和专职人员，零售市场检测开展也在不断增加。

（五）食品标准化工作取得了积极进展

近年来，食品标准化工作取得了长足进展，特别是《中华人民共和国标准化法》《中华人民共和国食品安全法》及其配套规章的发布和实施，将中国标准化工作纳入了法制化轨道，有力地促进了食品标准化工作的开展。

（六）食品安全应急机制方面取得了进展

我国“非典”疫情发生后，国务院针对新形势下处置突发公共卫生事件的需要，制定颁布了《突发公共卫生事件应急条例》。该条例不仅适用于重大传染疾病疫情，而且适用于突然发生的造成或可能造成社会公众健康严重损害的群体性不明原因疾病、重大食物中毒和职业中毒事件以及其他严重影响公众健康的事件。此外，关于我国重大灾情、疫情及其他突发公共卫生事件的报告将逐步改变传统的逐级上报方式，而通过网络平台，使国家各级卫生行政部门与疾病控制机构均可于同一时间及时获得情报，进而协同处理。

（七）食品安全法规体系不断完善

目前，我国形成了以《中华人民共和国食品安全法》《中华人民共和国产品质量法》《中华人民共和国农业法》《中华人民共和国标准化法》《中华人民共和国进出口商品检验法》等法律为基础，以《食品生产加工企业质量安全监督管理办法》《食品标签标注规定》《食品添加剂管理规定》以及涉及食品安全要求的大量技术标准等法规为主体，以各省及地方政府关于食品安全的规章为补充的食品安全法规体系。

三、国际上食品安全事件

近几年，国际上食品安全恶性事件不断发生，造成了巨大的经济损失和社会影响。

（一）国际上出现的重大食品安全问题

1. 疯牛病事件

疯牛病全称“牛海绵状脑病”，是一种进行性中枢神经系统病变，俗称疯牛病。疯牛病在人类中的表现为新型克雅氏症，患者脑部会出现海绵状空洞，导致记忆丧失，身体功能失调，最终神经错乱甚至死亡。

疯牛病的传播被认为是通过给牛喂养动物骨肉粉引起的，这种喂养方式已普遍采用了数十年。到2000年7月，在英国有超过34000个牧场的17万多头牛感染了此病。

2. 二噁英事件

1999年，比利时、荷兰、法国、德国相继发生因二噁英污染导致畜禽类产品含高浓度二噁英的事件。二噁英（多心酸，DXN）是一类多氯代三环芳烃类化合物的统称，有210种异构体，它是一种无色无味的脂溶性化合物，其毒性是氰化钾的1000倍以上，俗称“毒中之王”。据报道，只要1盎司（28.35g）二噁英就能将100万人置于死地。其化学结构稳定，亲脂性高，不能生物降解，且具有很强的滞留性。无论在土壤、水还是在空气中，它都强烈地吸附在颗粒上，使得环境中的二噁英通过食物链的逐级浓缩聚集在人体组织中，而最终危害人类。

二噁英事件使当年比利时遭受了巨大的经济损失，直接损失达3.55亿欧元，如果加上与此关联的食品工业，损失超过10亿欧元。

3. O157事件

1996年6月日本多所小学发生集体食物中毒事件，元凶为一叫“O157”

的大肠杆菌，日本全国截至当年8月患者已达9000多人。

（二）食品安全问题造成的巨大经济损失和社会影响

食品安全造成的经济损失十分严重。美国每年约有7200万人（占总人口的30%左右）发生食源性疾病，造成3500亿美元的损失。英国自1987年至1999年约17万头牛患有疯牛病，英国的养牛业、饲料业、屠宰业、牛肉加工业、奶制品工业、肉类零售业均受到严重打击，仅禁止出口一项，英国每年就损失52亿美元，再加上为杜绝疯牛病而采取的宰杀行动，损失高达300亿美元。比利时发生的二噁英污染事件不仅造成了比利时的动物性食品被禁止上市并大量销毁，而且导致世界各国禁止比利时动物性产品的进口。食品安全事件的发生不仅影响到消费者对政府的信任，而且威胁到社会稳定和国家安全。如比利时的二噁英污染事件使执政长达40年之久的社党政府内阁垮台。2001年德国的疯牛病暴发，导致卫生部长和农业部长被迫引咎辞职。

四、我国食品安全面临的主要问题

人类生存离不开食物，因此食物的安全问题为千千万万人所关心。食品是人类赖以生存、繁衍以及维持健康的基本条件。人的一生中，自出生到死亡，每天都离不开饮食。随着食品需求量的增大，不仅要增强食品的营养保健性，还要提高食品的安全性。近几年，我国食品安全状况有了明显改善，但所面临的问题也不能忽视，主要有以下几个方面。

（一）微生物污染的食源性疾病问题十分突出

我国每年向卫生部上报的数千起食物中毒事件中，大部分都是由致病微生物引起，如20世纪80年代在上海因食用毛蚶引起食源性甲肝的大暴发，涉及30万人；2001年在江苏、安徽等地暴发的肠出血性大肠杆菌O157食物中毒，造成177人死亡，中毒人数超过2万人。根据世界卫生组织（WTO）估计，发达国家食源性疾病漏报率在90%上，而发展中国家则在95%以上。

（二）种植业和养殖业的源头污染对食品安全的威胁越来越严重

我国是世界上化肥、农药施用量最大的国家。氮肥（纯氮）年使用量2500多万吨，农药超过130万吨，两者单位面积用量分别为世界平均水平的

3倍和2倍。

目前，在我国1200条河流中，850条江河受到不同程度的污染，130多个湖泊中有51个处于富营养状态，我国海域的“赤潮”现象不断发生。在工业污染物中尤以持久性有机污染物和重金属污染物最为严重，而未经处理的工业废水、城市污水用于农田灌溉的现象时有发生，在这种环境下种植和养殖的农产品安全性受到了威胁。

（三）违法生产经营食品问题严重

中小城市、乡镇及大中城市城乡结合部的一些无证企业和个体工商户及家庭式作坊成为制假售假的集散地，直接危害着人们的身体健康，社会各界反响强烈。经过近年来的整治、整改后逐步使他们达到市场准入要求。

（四）食品工业中使用新原料、新工艺给食品安全带来了许多新问题

现代生物技术（如转基因技术）、益生菌和酶制剂等技术在食品中的应用以及食品新资源的开发等，既是国际上关注的食品问题，也是我们亟待研究和需要重视的问题。

（五）工业污染导致环境恶化，对食品安全构成严重威胁

如水污染导致食源性疾病的发生，海域的污染直接影响海产品的质量。

（六）食品安全问题影响了我国的国际贸易

近年来，我国食品被进口国拒绝、扣留、退货、索赔和终止合同的事件时有发生。此外，我国畜禽肉长期因兽药残留问题而出口欧盟受阻，酱油由于氯丙醇污染问题而影响了向欧洲和其他国家出口。

（七）关键检测技术不够完善

对于一些重要食源性危害的检测，其检测技术不够完善，不能满足食品安全控制的需要，如“瘦肉精”和激素等农兽药残留的分析技术要求超痕量（10-5）水平；而二噁英及其类似物的检测技术属于超痕量（10-12）水平；我国某些产品出口欧洲和日本时，国外要求检测100多种农药残留，显然，要求一次能进行多种农药的多残留分析就成为技术关键。

（八）危害性分析技术应用不广

危险性分析是世界贸易组织（WTO）和国际食品法典委员会（CAC）强调的用于制定食品安全技术措施的必要技术手段，也是评估食品安全技术措

施有效性的重要手段。我国现有的食品安全技术措施与国际水平存在差距的重要原因之一，就是没有广泛地应用危险性分析技术，特别是对化学性和生物性危害的评估。

（九）关键控制技术需要进一步研究

在食品中应用“良好农业规范（GAP）”“良好兽医规范（GVP）”“良好操作规范（GMP）”以及“危害分析与关键控制点（HACCP）”等食品安全控制技术，对保障产品质量安全十分有效。而在实施 GAP 和 GVP 的源头治理方面，我国科学数据还不够充分，需要进一步研究。我国部分食品企业虽然已应用了 HACCP 技术，但缺少结合我国国情的覆盖各行业的 HACCP 指导原则和评价准则。

（十）食品安全标准体系与国际不接轨

目前，国际有机农业和有机农产品的法规与管理体系主要可以分为 3 个层次，即联合国层次、国际性非政府组织层次和国家层次。联合国层次的有机农业和有机农产品标准是由联合国粮农组织（FAO）与世界卫生组织（WHO）制定的，它是《食品法典》的一部分，目前还属于建议性标准。《食品法典》标准的结构、体系和内容等基本上参考了欧盟有机农业标准以及国际有机农业运动联盟（IFOAM）的基本标准。联合国有机农业标准能否成为强制性标准目前还不清楚，但其重要性在于可以为各个成员国提供有机农业标准的确定依据。一旦成为强制性标准，就会成为 WTO 仲裁有机农产品国际贸易的法律依据，各个成员国必须遵守。因此，我国安全食品的标准制定应参照 WHO 和 FAO 以及 IFOAM 标准，这方面我国除有机食品等同采用、绿色食品部分采用外，其他标准与以上标准还存在不小的差距。

（十一）监管部门的工作有待进一步提高

目前，安全食品生产与管理之间不协调，我国未将常规食品、无公害食品、绿色食品和有机食品的生产、经营及管理有机地结合起来，使本来具有内在联系的四者基本上独立存在。

（十二）食品安全意识不强

受我国经济发展水平不平衡的制约，一些食品生产企业的食品安全意识不强，食品生产过程中食品添加剂超标使用，污染物、重金属超标现象时有发生。此外，还有少数不法生产经营者为牟取暴利，不顾消费者的安危，在食品生产经营中的掺假现象屡有发生。

第四节　食品微生物检验概述

微生物与人类有着密切的关系。一方面，它被应用在食品、农业、制药、环保等多个领域为人类造福（有利方面）；另一方面，它（如：沙门氏菌）给人类、动植物带来疾病、食物中毒等问题（有害方面）。

微生物不仅与人类息息相关，又与人类共同存在于这个世界。人要想生存，最基本的就是要“吃”，而自然界中微生物却又是无处不在的。有些微生物是有益的，如果良好摄入，我们能更好地保持身体健康；而更多时候却不如人愿，微生物大多时候在食物中是以有害对象存在的。如果食物中存在的微生物种类、数量、有害性都很有限，健康人体摄入一般不会引起很严重的后果。但如果食物中存在的微生物种类、数量和有害性都相当丰富、危险性较大，当人类摄入后，会因为人体抵抗力、治疗是否及时等原因，而造成各种不良后果，甚至危及生命。所以，为了保证人类健康，为了预防微生物对人类有害的一面，我们学习“食品微生物检验”课程，就显得十分必要和重要了。

一、和“食品微生物检验”相关的几个概念

食物：是指能够满足机体正常生理和生化需求，并能延续正常寿命的物质。对人体而言，能够满足人的正常生活活动需求并利于寿命延长的物质称为食物。

食品：可供人类食用或饮用的物质，包括加工食品、半成品和未加工食品。广义的食品概念：包括所生产食品的原料、食品原料种植、养殖过程接触的物质和环境、食品的添加物质、所有直接或间接接触食品的包装材料、设施以及影响食品原有品质的环境。

食品微生物：是与食品有关的微生物的总称。包括生产用食品微生物（醋酸杆菌、酵母菌、乳酸菌等）、引起食物变质的微生物（霉菌、细菌、酵母菌等）、食源性病原微生物（大肠杆菌、肉毒杆菌、沙门氏菌等）。

食品微生物检验：就是针对食品加工原料、食品加工过程控制、接触食品的环境、人员、器械等，运用微生物学的知识，对影响人和动物的食品微生物检验指标进行实际应用的一门学科，是近年来形成的微生物学的一个分支。

二、“食品微生物检验”的发展史

食品微生物检验是微生物学的一个分支，它是伴随微生物学的发展而创立起来的。我们知道，微生物学的发展经过五个阶段，而“食品微生物检验”方法的创立和应用就是从微生物学发展的第三阶段开始的：

第一阶段（经验阶段）：4000 多年前，历史记载中国就开始利用微生物进行酿酒、酿醋和腌菜等。

第二阶段（形态学阶段）：17 世纪，荷兰人安东·列文虎克发明了第一台简单自制显微镜，他是世界上真正看见并描述微生物的第一人。他用能放大 50~300 倍的显微镜清楚地看见了细菌和原生动物，并把观察结果记录了下来，他的发现和描述首次揭示了一个崭新的生物世界——微生物世界，这在微生物发展史上有划时代的意义。

第三阶段（生理学阶段）：19 世纪中期，法国科学家巴斯德通过“曲颈瓶实验”否定了自然发生学说，并发现酒精发酵是由酵母菌引起的，他发明了现在食品行业里仍广泛应用的巴氏消毒法，还发现乳酸发酵、乙酸发酵和丁酸发酵是由不同的细菌引起的。德国科学家科赫对医学微生物学作出了巨大贡献，提出了著名的“科赫法则”。巴斯德和科赫为现代微生物学奠定了基础，他们是现代微生物学的奠基人。

从微生物学发展到第三阶段开始，国际间的交往增多，尤其在此阶段第一次世界大战爆发，一些烈性传染病在全球范围内大规模流行，这促使科学家开始集中精力研究病原微生物。这时有关食品微生物检测的对象主要是病原微生物，这也是“食品微生物检验”的开始，后来它又历经三个阶段发展到今天。

第一阶段：“食品微生物检验”利用微生物的形态、已掌握的基本特性和简单检测方法进行检测。例如：科赫首先论证炭疽杆菌是炭疽病的病原菌，接着又发现结核病和霍乱的病原细菌，并提倡采用消毒和杀菌方法防止这些疾病的传播；他首创细菌的染色方法，采用了以琼脂作凝固培养基培养细菌和分离单菌落而获得纯培养的操作过程；他规定了鉴定病原细菌的方法和步骤。

第二阶段：这一阶段，随着微生物学的发展，并进入生物化学阶段。科学家利用微生物的生理生化特点，结合医学的迅猛发展、食品加工行业的发展，生物化学、电泳技术的发展和应用，“食品微生物检验”学科的科学检验方法已基本形成、仪器设备的应用性和先进性也日益发展。

第三阶段：“食品微生物检验”的行业标准和检验方法已系统化、标准化；各国的国家标准、国际标准从采样到最终结果报告体系已日益完备；食品微生物检验所应用的仪器设备也日益高新。

三、“食品微生物检验”的作用和意义

“食品微生物检验”作为食品卫生质量监督、安全性判断等方面的重要手段和方法之一，其作用和意义如下：

（1）“食品微生物检验”是衡量食品卫生质量的重要指标之一，也是判定被检食品能否食用的科学依据之一，对食品的质量与安全起着监督、预防、评价等作用。通过食品微生物检验，可以判断企业食品加工环境、食品卫生环境的优劣，能够对食品被微生物污染的程度作出正确的评价。

（2）通过“食品微生物检验”，可以为食品卫生监督、出入境检测、疫病防控等部门的卫生管理工作提供科学判断和评估；同时为传染病、人畜共患病、微生物引起的食源性疾病等的预防，为食物中毒事件提供“防”和“治”的措施提供依据。

（3）通过“食品微生物检验”，在提高出口产品质量评估和检测，避免企业和国家的经济损失，防止贸易壁垒、保证出口等方面也具有很大的政治和经济意义。

随着科技发展和人们生活水平的提高，食品安全和卫生已经成为人们关注的焦点。国际卫生组织非常关注食品微生物的污染问题，“食品微生物检验”作为食品质量安全控制方面的重要技术之一，它发挥的作用会越来越重要。

四、“食品微生物检验”的检验范围

“食品微生物检验”可以应用到很多方面，但是针对食品行业而言，食品微生物检验技术的范围包括：

（1）生产环境的检验。又包括：车间用水、空气、地面、墙壁等。

（2）原辅料检验。又包括：食用动物、植物、添加剂等一切原辅材料。

（3）食品加工、储藏、销售诸环节的检验。又包括：食品从业人员的卫生状况检验，加工工具、运输车辆、包装材料的检验等。

（4）食品的检验。重要的是对出厂食品、可疑食品及食物中毒食品的检验。

五、“食品微生物检验”的对象

我们知道，食品从原料到成品，其中的微生物会因为食品原料、消毒手段、人员操作、厂房环境、包装材料等条件的不同而不同。从检验对象来说，目前，食品微生物检验主要包括菌落总数、大肠菌群，致病菌（如：沙门氏菌、志贺氏菌、金黄色葡萄球菌等），酵母菌和霉菌及其毒素，以及一些寄生虫等。现进行简单说明：

（一）菌落总数

“食品微生物检验”最基本的一个检测对象就是细菌总数，但是因为细菌总数包括了死菌和活菌，而菌落总数反映出来的是食品中活菌的总数。因此，一般用“菌落总数”来判定食品被细菌污染的程度及卫生质量，它反映食品在生产过程中是否符合卫生要求，以便对被检样品作出适当的卫生学评价。菌落总数的多少在一定程度上标志着食品卫生质量的优劣。

（二）大肠菌群

大肠菌群不是细菌学分类命名，而是卫生领域的用语，它也是每种食品必检的一个对象。大肠菌群不代表某一种或某一属细菌，而是指具有某些特性的一组与粪便污染有关的细菌。一般认为，该菌群细菌包括：大肠埃希氏菌、柠檬酸杆菌、产气克雷伯菌和阴沟肠杆菌等。这些细菌是寄居于人及温血动物肠道内的常居菌，它们会随着大便排出体外。因此，食品中如果大肠菌群数越多，说明食品受粪便污染的程度越大。故将大肠菌群作为粪便污染食品的卫生指标，具有广泛的意义。

（三）致病菌

致病菌就是能使宿主患病的细菌，也称为病原微生物、病原菌。食品中的致病菌指食品中能使人致病的细菌，如：蛋及蛋制品以沙门氏菌、金黄色葡萄球菌、变形杆菌等作为参考菌群；海产品以副溶血性弧菌为参考菌群；米面制品以变形杆菌、蜡样芽孢杆菌为参考菌群，罐头食品以耐热性芽孢菌作为参考菌群等。

其中有些致病菌能在食物中或人肠道内繁殖，并产生毒素，致人发病，这些致病菌成为产毒性致病菌。如：沙门氏菌是食源性病原菌中分布最广、危害最大的肠道致病菌之一，也是引起食物中毒最常见的菌属之一；志贺氏菌属是一类革兰氏阴性杆菌，是人类细菌性痢疾最为常见的病原菌，通称痢疾杆菌。

（四）酵母菌和霉菌及其毒素

酵母菌和霉菌是真菌中的一大类。霉菌和酵母也广泛分布于自然界并可作为食品中正常菌的一部分。酵母菌和霉菌的某些类群和在某些食品中，就是有害菌、腐败菌；而对于某些食品而言，我们正是利用了它们的一些特性，而得到更丰富、更美味的食品。

鉴于有很多霉菌能够产生毒素，引起疾病，故应该对产毒霉菌进行检验。因此，霉菌及其毒素和酵母也作为评价食品卫生质量的指示菌，并以霉菌和酵母计数来判断食品被污染的程度。目前已有若干个国家制定了某些食品的霉菌和酵母限量标准。我国也制定了一些食品中霉菌和酵母的限量标准。

其实针对一些产品，还有一些需要检测的指标有：寄生虫（旋毛虫、弓形体、肺吸虫等）；病毒（如：肝炎病毒、猪瘟病毒、口蹄疫病毒等）；或者有益微生物（如：双歧杆菌、乳酸菌等）也需要检验，但是，“食品微生物检验”主要内容是针对对有害菌的检测。不同的微生物检测方法不同，但其主要操作和思路是大致相同的，所以要把不同微生物的检测相互联系起来进行学习。

第五节　食品微生物快速检测和自动化

近年来，食品微生物的快速检测和自动化进展迅速，快速检测食品中微生物的方法在食品卫生检验方面也起着越来越重要的作用。与传统方法相比较，快速检测的速度更快、操作更方便、灵敏度更高。我们通过快速检测，最终达到预防肠道传染病和食物中毒发生的目的。

一、食品微生物快速检测和自动化的定义

所谓快速检测方法，指的是能缩短检测时间，简化样品制备、实验准备、操作过程和自动化的步骤。具体体现为以下 3 个方面：一是样品经简单处理后即可进行测试或采用高效快速的样品处理方式；二是实验准备过程得到简化，实验过程所使用的试剂较少；三是方法简单、快速和准确，能在很短的时间内测试出稳定可靠的检测结果。从广义上来讲，能将原有的检测时间缩短的、解放人力的都可以称为快速检测方法，但从严格意义上讲，快速检测方法与常规方法相比，除应具有准确性、稳定性外，还应具有明显的简捷性、经济性与便携性。

目前，我们所说的检测自动化，即检测的过程多通过智能仪器来检测，整个过程从采样、样品处理到检测过程所用人力很少，其中很大一部分过程都是借助于仪器来完成的。

实际检测过程中，快速检测和自动化检测有相同的地方，目的都是缩短检测时间简化检测过程、操作更加方便、灵敏度更高。不同之处在于，快速检测不一定用的都是自动化仪器，有时只是应用在快速检测方法中的某一步，而自动化一般能达到快速检测的目的。

二、食品微生物快速检测的基本原则和要求

（一）食品微生物快速检测的基本原则

1. 质量原则

要求食品安全快速检测技术能保证检测质量，方法成熟、稳定，具有较高的精密度、准确度和良好的选择性，从而确保试验数据和结论的科学性、

可信性和重复性。

2. 安全原则

要求食品安全快速检测所使用的方法不能对操作人员造成危害和环境污染。

3. 快速原则

食品安全快速检测目的多为现场快速检验或对大量样品的筛选，这就要求食品快速检测技术使用的检验方法反应速度快，检测效率高。

（二）食品微生物快速检测的要求

1. 检验时必须做空白试验

空白试验是指除不加样品之外，采用完全相同的分析步骤、试剂和用量，进行平行操作所得的结果。由于大部分的快速检测方法均为定性或半定量试验，所以当检测结果为阳性时，应当采用定量方法加以确证。

2. 以国家标准方法的第一方法为仲裁方法

对检验方法的选择，同一检测项目，如有两个或两个以上检验方法时，可根据不同条件选择使用，但如果结果不一致时，必须以国家标准的第一方法为仲裁方法。

（三）食品微生物快速检测和自动化的方法种类

1. 即用型纸片法

这种测试片中加入了染色剂、显色剂，不仅增强了结果的判断效果，而且避免了热琼脂法不适宜受损细菌恢复的缺陷。这种产品与传统检测方法之间的相关性非常好。例如：霉菌快速检验纸片，应用于食品检验中的霉菌操作简便，仅需 36℃ 培养，不需要低温设备；快速，仅需 2d 就可观察结果，比现在的国家标准检验方法缩短 3~5d，大大提高了工作效率。纸片法与国标法在霉菌检出率上无显著差异，且菌落典型，易判定。

还有纸片荧光法。它是利用细菌产生某些代谢酶或代谢产物的特点而建立的一种酶底物反应法。只需检测食品中大肠菌群、大肠杆菌的有关酶的活性，将荧光产物在 365nm 紫外光下观察即可。同时纸片可高压灭菌处理，4℃保存，简化了实验准备、操作和判断过程。

2. 选择、鉴定用培养基法

这种方法是在培养基中加入特异性的生化反应底物、抗体、荧光反应底物、酶反应底物等，可使目标培养物的选择、分离、鉴定一次性完成。例如：生物梅里埃公司的 BP+RPF（兔血浆十纤维蛋白原）培养基，可在 24h 内鉴定金黄色葡萄球菌。

3. 细菌直接计数法

主要是流式细胞仪（flow cytometry，FCM）。FCM 通常以激光作为发光源，经过聚焦整形后的光束垂直照射在样品流上，被荧光染色的细胞在激光束的照射下产生散射光和激发荧光。光散射信号基本上反映了细胞体积的大小；荧光信号的强度则代表了所测细胞膜表面抗原的强度或其核内物质的浓度，由此，可通过仪器检测散射光信号和荧光信号来估计微生物的大小、形状和数量。流式细胞计数具有高度的敏感性，可同时对目的菌进行定性和定量。目前已经建立了细菌总数、致病性沙门氏菌、大肠埃希氏菌等的 FCM 检验方法。

4. 放射测量法

目前，放射测量法应用于定量测量并同时用常规法计数细菌总数。放射测量法是多种物理、化学诊断新技术。放射测量法的原理是根据细菌在生长繁殖过程中可利用培养基中的 C 标记的碳水化合物或盐类的底物，代谢产生 CO_2，然后通过仪器测量 CO_2 的含量增加与否，来确定样品中有无细菌。

这种方法的优点是放射测量法较常规法（18~24h）快速、灵敏，适合大批量样品的细菌数检验，以及各类物品的无菌监测。

5. 阻抗法

阻抗测定的原理是：当细菌生长时，将大分子物质降解成小的带高电荷的粒子，从而改变周围培养基的导电性能。通过测定阻抗或电导变化，可以了解生物活动情况。当微生物含量达到某一阈值时，阻抗的变化与微生物含量呈相关性，即与污染程度呈相关性。

阻抗法应用于细菌检测、食品质量与病原体检测、工业生产中的微生物过程控制及环境卫生细菌学研究，如基于阻抗法的连续监测细菌代谢生长的仪器。

6. ATP 生物发光法

ATP 生物发光法是近年发展较快的一种用于食品生产加工设备洁净度检测的快速检测方法。利用 ATP 生物发光分析技术和体细胞清除技术，测量细菌 ATP 和体细胞 ATP，细菌 ATP 的量与细菌数成正比，用 ATP 生物发光分析技术检测肉类食品细菌污染状况或食品器具的现场卫生学检测，都能够达到快速的目标。

7. 全自动菌落计数仪

自动影像分析菌落计数仪广泛应用于食品和饮料的品质和卫生检验、水质分析、乳及乳制品的检测、医院临床检验、化妆品检验和药品的品质和质量检测等，适用于对微生物的菌落计数和计算、抗生素的抗菌性测试和菌种筛选等，是现代微生物检测实验室先进和高效的菌落计数器。

该类设备一般采用高质量、高清晰摄像镜头对平板进行成像；快速读取平板菌落数，节省大量的人力和时间；测定结果重现性好；计数数据和结果自动传输到计算机或打印机上；数据自动处理，能储存平板图像；适用于传统的平板接种法、螺旋接种法的菌落计数以及抑菌圈测定。它们具有区分菌落和培养基不同光学特性的能力，如培养基颜色、厚度；菌落大小、颜色、隆起状况、密集性和蔓延性等；能对抗生素的抑菌圈做精确的描述和记录；能进行稀释系数校正等一系列有关运算；储存功能；密码保护功能等。

8. PCR 技术

PCR 技术采用体外酶促反应合成特异性 DNA 片段，再通过扩增产物来识别细菌。由于 PCR 灵敏度高，理论上可以检出一个细菌的拷贝基因，因此在细菌的检测中只需短时间增菌甚至不增菌，即可通过 PCR 进行筛选，节约了大量时间。但 PCR 技术也存在一些缺点：食物成分、增菌培养基成分和其他微生物 DNA 对 Taq 酶具有抑制作用，可能导致检验结果假阴性；操作过程要求严格，微量的外源性 DNA 进入 PCR 后可以引起无限放大产生假阳性结果；扩增过程中有一定的装配误差，会对结果产生影响。

9. 基因探针技术

基因探针技术原理：采用高度特异性基因片段制备基因探针来识别细菌。基因探针的优点是减少了基因片段长度多态性所需要分析的条带数，如 GEN-PROBE 基因探针检测系统，对于分离到的单个菌落，30min 完成微生物的确证试验，基因探针的缺点是不能鉴定目标菌以外的其他菌。

10. 生物芯片检测法

基因芯片是指按照预定位置固定在固相载体上很小面积内的千万个核酸分子所组成的微点阵列。基因芯片是将许多特定的寡核苷酸片段或基因片段作为探针，有规律地排列固定于支持物上形成的 DNA 分子阵列，其工作原理是根据碱基配对的原理来检测样品的基因，也就是利用已知序列的核酸对未知序列的核酸序列进行杂交检测。其检测致病菌原理为：选择细菌的共有基因（16SrDNA、23SrDNA、ERIC）作为靶基因，用一对通用引物进行扩增，再利用芯片上的探针检测不同细菌在该共有基因上的独特碱基，从而区分不同的细菌，此法还可以通过向寡核苷酸探针阵列中添加相应的探针来逐步扩大基因芯片的检测范围，并通过增加和调整探针来逐步提高基因芯片的准确性。

这种方法的优点是自动化程度高，能够实现同时检测多种目标分子的目的，而且检测效率高，检测周期短。缺点是前期需要大量已测知的 DNA 片段信息，检测费用仍偏高。

11. DNA 指纹图谱自动分析系统

DNA 指纹图谱自动分析系统是从细菌细胞中提取 DNA，接着用限制性酶将 DNA 降解成片段，DNA 片段通过电泳得到分开，再转移至杂交膜上与 DNA 探针杂交。由于引入了化学发光标记物，杂交片段发现的光线被相机捕获，得到的核酸图谱与其他储存的 DNA 核酸碱基序列进行比较，通过核酸匹配分析可以对微生物进行鉴定。

12. 酶联免疫法

酶联免疫法（ELISA），是将酶标记在抗体 P 抗原分子上，形成酶标抗体 P 酶标抗原，也称为酶结合物，将抗体抗原反应信号放大，提高检测灵敏度，之后该酶结合物的酶作用于能呈现出颜色的底物，通过仪器或肉眼进行辨别。

优点是特异性和灵敏度都比较高，对于现场初筛有较好的应用前景。缺点是由于抗原抗体的反应专一性，针对每种待测物都要建立专门的检测试剂和方法，为此类方法的普及带来难度，如果食品在加工过程中抗原被破坏，则检测结果的准确性将受到影响。目前，国外已经有相当成熟的利用免疫学分析法的商业化试纸条。

13. 专用酶的快速反应检测技术

微生物专用酶快速检测的原理：利用细菌中某些具有特征性的酶，应用适当的底物迅速完成细菌鉴定。根据细菌在其生长繁殖过程中可合成和释放某些特异性的酶，选用相应的底物和指示剂，将他们配制在相关的培养基中。根据细菌反应后出现的明显的颜色变化，确定待分离的可疑菌株，反应的测定结果有助于细菌的快速诊断。

14. 多重PCR检测技术

聚合酶链反应（PCR）是近十多年来应用最广的分子生物学方法，在食源性致病菌的检测中均是以其遗传物质高度保守的核酸序列设计特异引物进行扩增，进而用凝胶电泳和紫外核酸检测仪观察扩增结果。

M-PCR（多重PCR）是指在同一个反应体系中，加入多对特异性引物，如果存在与各引物对特异性互补的模板，即可同时在同一反应管中扩增出一条以上的目的DNA片段，实现了一次性检测37种致病菌的目的。

优点是M-PCR既保留了常规PCR的特异性、敏感性和减少了操作步骤及试剂；缺点是扩增效率不高、敏感性偏低、扩增条件需摸索与协调和可能出现引物间干扰等。

15. 胶体金免疫层析快速检测技术

胶体金免疫层析技术是在胶体金标记技术和免疫层析技术发展的基础上，结合单克隆抗体技术和新材料技术，于20世纪90年代发展起来的一项新型体外诊断技术。它以胶体金为标记物，利用特异性抗原抗体反应，在层析反应过程中，通过带颜色的胶体金颗粒来放大免疫反应系统，使反应结果在固相载体上直接显示出来。

优点是测时间仅需数分钟、无需任何附加试剂和设备、操作简单，解决了传统检测方法费时（数小时至数天）、成本高、操作复杂等问题，真正实现了长期以来胶体金免疫层析快速检测技术及其在水产养殖业中的应用前景在检测技术领域所追求的“快速、简便、特异、敏感”的目标。

16. VITEK全自动微生物分析系统

VITEK始于20世纪60年代，由美国麦道公司为鉴定宇宙环境中的微生物而研制，1973年正式应用于临床细菌鉴定。微生物鉴定的自动化技术近十几年得到了快速发展。

数码分类技术集数学、计算机、信息及自动化分析为一体，采用商品化和标准化的配套鉴定和抗菌药物敏感试验卡或条板，可快速准确地对数百种常见分离菌进行自动分析鉴定和药敏试验。其中菌株的全自动分析鉴定功能，在食品微生物领域发挥着积极的作用。

VITEK对细菌的鉴定是以每种细菌的微量生化反应为基础，不同种类的VITEK试卡（检测卡）含有多种生化反应孔，可达30种，可鉴定405种细菌。该系统以微生物的生化反应为基础，将几十个生化反应集成在一张卡片中。在卡片中充入一定浓度的纯菌液，对微生物边培养、边检测，每 15min 对卡片上的每个反应小室的颜色变化进行一次扫描。根据每个反应小室中的颜色和透光率的变化，自动判定该反应是阴性或阳性，最后将结果与电脑数据库中的资料进行对比，确定所鉴定菌株的种类。

17. VIDAS 全自动酶标免疫测试系统

该系统是进行致病菌及其毒素的筛选设备。微型自动荧光酶标分析法（miniVI-DAS）是利用酶联荧光免疫分析技术，通过抗原抗体特异反应，分离出目标菌，由特殊仪器根据荧光的强弱自动判断样品的阳性或阴性。

VIDAS 法检测冻肉中沙门氏菌具有很高的灵敏度和特异性，用于进出口冻肉的检测，可大大缩短检验时间，加快通关速度，检测冻肉中李斯特氏菌亦如此。一般还用以检测食品及环境样本中的致病菌包括沙门氏菌、李斯特氏菌、单核细胞增生李斯特氏菌、葡萄球菌肠毒素、大肠埃希氏菌 O157、弯曲菌、免疫浓缩沙门氏菌、免疫浓缩大肠埃希氏菌 O157 等。该法的检测准确性非常高。

18. 免疫磁珠分离（IMS）方法

免疫磁珠分离（IMS）方法快速致病菌检测系统，是目前世界上速度最快的致病菌检测方法之一。该方法已经获得美国 AOAC 认证，具有高灵敏度、高特异性、高稳定性、无污染、无毒性、检测迅速等特点。

该系统主要分两部分：一部分采用一种合成磁性材料——微磁珠，磁珠表面进行基团修饰并键合连接臂，将多克隆抗体或单克隆抗体连接后进行包被，制成带磁性的免疫抗体。磁性抗体可以选择性吸附流动样品中的目标抗原，借助外磁场的作用吸附在捕获区，对大容量样品中微生物进行快速免疫浓缩纯化。另一部分分离出来的抗原抗体结合物加入试剂 A（酶联二抗），经洗涤后加入试剂 B（底物），初筛阳性样品显蓝色，阴性样品无色。整个显色过程 15min。两部分相结合，可以检测大肠杆菌 O157、沙门氏菌、副结核分枝杆菌、李斯特氏菌等。

三、存在的问题

（1）以 PCR 为代表的食品微生物快速检测技术，虽然克服了传统方法检测周期较长的缺点，但也存在着各自的不足之处：如免疫学方法快速、灵敏度高，但容易出现假阳性、假阴性；基因芯片、蛋白质芯片准确性高、检测通量大，但制作费用太高，不利于普及等。

（2）自动化鉴定系统是根据数据库中所提供的背景资料来鉴定细菌，数据库资料的不完整将直接影响鉴定的准确性。通过自动化鉴定仪得出的结果，必须与其他已获得的生物性状（如标本来源、菌落特征及其他的生理生化特征）进行核对，以避免错误的鉴定。

总之，随着现代科技的发展，快速检测方法被越来越频繁地使用，它的优点和局限性也更多地显现出来。由于检测方法的多种设计原理和外观形式，加上食品检测的难度，使用者在选择快速方法时必须谨慎。不同的检测情况或不同种类的食品，所更适用的快速检测方法可能是不一样的。但是我们相信，在不远的将来，新型简便的微生物快速检测技术将逐渐被人们所使用，实时和在线监测食品中的各种致病菌更是大势所趋。

第二章　食品安全控制体系

食品安全问题举国关注，世界各国政府大多将食品安全视为国家公共安全，并纷纷加大监管力度。我国于1995年通过《中华人民共和国食品卫生法》，确立的食品卫生监管部门是卫生部门。从2003年、2004年开始逐步增加其他部门分别管，现在大家都比较习惯将其叫做分段监管体制。2004年9月1日，国务院发布了《国务院关于进一步加强食品安全工作的决定》，决定采取切实有效的措施，进一步加强食品安全工作。从2006年起，为了解决我国食品安全相关法律尚未涵盖“从农田到餐桌”全过程，存在空白或重复、交叉的问题，出台了一系列政策。例如《中华人民共和国食品卫生法》规范的是食品的生产（不包括种植业和养殖业）、采集、收购、加工、储存、运输、陈列、供应、销售等活动，《中华人民共和国产品质量法》规范的是食品（经过加工制作用于销售的）的生产、销售活动，《中华人民共和国农业法》规范的是种植业、畜牧业和渔业等产业以及与其直接相关的产前、产中、产后服务。从总体上看，种植、养殖等环节的食品安全问题尚没有专门的法律予以调整。因此，遵循食品生产经营企业对食品安全承担首要责任的原则，着手制定新的《中华人民共和国食品安全法》来规范食品生产经营企业内部的食品安全控制关系、食品生产经营企业之间的食品安全协作关系以及食品安全监管机关与食品生产经营企业之间的食品安全控制关系。2009年2月28日十一届全国人大常委会第七次会议表决通过了《中华人民共和国食品安全法》。此法律于2009年6月1日起取代《中华人民共和国食品卫生法》。

最近几年我国在食品安全方面出台了许多法律法规和规章制度，采取了很多措施，健全了食品安全体系。由于这几方面内容涉及多部门、多层面、多环节，是一个复杂的系统工程。因此拟从法律法规体系，组织结构，认证认可体系，市场准入，食品安全应急处理机制，食品安全标准和检验检测体系，食品安全风险评估评价体系，食品安全信用体系，食品安全信息监测、通报、发布的网络体系，追溯制度，进出口食品的监管和召回制度等方面进行介绍。

第一节　食品安全监督管理体系

我们国家的食品安全监管体制有一个历史发展过程，1995 年通过的《中华人民共和国食品卫生法》，确立的食品卫生监管部门是卫生部门。随着我们的食品安全形势越来越复杂，一些食品安全事故不断出现，一个部门的监管显得力不从心。为了充分利用监管资源，从 2003 年、2004 年开始逐步增加其他部门分别管，现在大家都比较习惯将其叫做分段监管体制。《中华人民共和国食品安全法》重新明确了各个部门的监管职责，确立了分段监管体制，主要是卫生、农业、质检、工商和食药监各司其职，分别负责对食品安全风险的评估、食品标准的制定，对初期农产品，对食品生产环节、食品流通环节和餐饮服务方面的监管，即从原料到产品，从生产到流通、餐饮的全程监管。在此基础上，设立国务院食品安全委员会，加强对各个监管部门监管工作的协调和指导。

在 2008 年国务院对各机构进行了新的“三定”方案，其中涉及食品安全管理机构及职责进行了新的划分。根据《国务院关于部委管理的国家局设置的通知》（国发〔2008〕12 号）文件，设立国家食品药品监督管理总局（副部级）为卫生部管理的国家局，职能调整为：将国家食品药品监督管理总局综合协调食品安全、组织查处食品安全重大事故的职责划给卫生部；将卫生部食品卫生许可，餐饮业、食堂等消费环节（以下简称消费环节）食品安全监管和保健食品、化妆品卫生监督管理的职责，划入国家食品药品监督管理总局。根据新的职责分工规定，食品安全监管的职责分工：卫生部牵头建立食品安全综合协调机制，负责食品安全综合监督；农业部负责农产品生产环节的监管；国家市场监督管理总局负责食品生产加工环节和进出口食品安全的监管；国家市场监督管理总局负责食品流通环节的监管；国家食品药品监督管理总局负责餐饮业、食堂等消费环节食品安全监管；卫生部承担食品安全综合协调、组织查处食品安全重大事故的责任。各部门要密切协同，形成合力，共同做好食品安全监管工作。

食品生产、流通、消费环节许可工作监督管理的职责分工：卫生部负责提出食品生产、流通环节的卫生规范和条件，纳入食品生产、流通许可的条件；国家食品药品监督管理总局负责餐饮业、食堂等消费环节食品卫生许可的监督管理；国家市场监督管理总局负责食品生产环节许可的监督管理；国家市场监督管理总局负责食品流通环节许可的监督管理。不再发放食品生产、流通环节的卫生许可证。

县级以上地方人民政府统一负责、领导、组织、协调本行政区域的食品安全监督管理工作，建立健全食品安全全程监督管理的工作机制；统一领导、指挥食品安全突发事件应对工作；完善、落实食品安全监督管理责任制，对食品安全监督管理部门进行评议、考核。

县级以上卫生行政、农业行政、质量监督、工商行政管理、食品药品监督管理部门加强沟通、密切配合，按照各自职责分工，依法行使职权，承担责任。

一、国家食品安全委员会

按照食品安全法规定，国务院设立食品安全委员会。国务院成立食品安全委员会作为高层次的议事协调机构，协调、指导食品安全监管工作，以达到在一定程度上消解多头、分段管理弊端的目的。

二、国家质量监督检验检疫总局

2001 年 4 月，国务院将国家质量技术监督局与国家出入境检验检疫局合并，组建中华人民共和国国家质量监督检验检疫总局（正部级，简称国家市场监督管理总局）。国家市场监督管理总局是国务院主管全国质量、计量、出入境商品检验、出入境卫生检疫、出入境动植物检疫和认证认可、标准化等工作，并行使行政执法职能的直属机构。国家市场监督管理总局在各口岸都设立了专业机构（原国家出入境检验检疫局），负责出入境食品安全的检验监督和检测方法研究工作。

国家市场监督管理总局组织起草、制定、发布、实施有关质量监督检验检疫方面的法律法规，指导、监督质量监督检验检疫的行政执法工作，负责全国与质量监督检验检疫有关的技术法规工作，宏观管理和指导全国质量工作，组织实施并监督管理出入境检验检疫工作。在食品监督方面的主要职能是组织实施进出口食品安全、卫生、质量监督检验和监督管理；管理进出口食品生产、加工单位的卫生注册登记，管理出口企业对外卫生注册工作。总局垂直管理出入境检验检疫机构；对省（自治区、直辖市）质量技术监督机构实行业务领导。

（一）进出口食品安全局

国家市场监督管理总局专门成立了进出口食品安全局，加强对进出口食品的检验检疫和监督管理工作。其主要职能：一是研究拟定进出口食品安全、质量监督和检验检疫的规章、制度；二是组织实施进出口食品的检验检疫和监督管理；三是组织实施相关食品卫生风险分析评估和紧急预防措施；四是调查处理重大进出口食品卫生质量事故等。进出口食品安全局的成立，体现了国家市场监督管理总局对进出口食品安全工作的重视，也标志着中国进出口食品安全工作进入了一个新的历史时期。

（二）国家认证认可监督管理委员会

为加强对全国认证认可工作的统一领导和监督管理，国务院组建中国国家认证认可监督管理委员会（中华人民共和国国家认证认可监督管理局），2001 年 8 月正式挂牌成立。为国家质量监督检验检疫总局（简称质检总局）管理的事业单位。国家认证认可监督管理委员会是国务院授权的履行行政管理职能，统一管理、监督和综合协调全国认证认可工作的主管机构。其职能主要包括：统一管理和监督认证认可工作以及相关的对校准、检测、检验实验室技术能力的认可，计量认证和资格认定工作，管理并组织实施进出口认证认可和进出口安全质量许可以及出入境检验检疫实验室注册认证、进出口食品卫生注册登记，涉外检验检疫、鉴定和认证机构（含中外合资、合作机构）技术能力的审核和监督管理。食品安全的 HACCP 认证也是其主管内容，包括 HACCP 认证以及咨询机构的认可审批、监督、管理。

三、国家卫生部

国家卫生部主要负责全国的卫生工作，保证人民健康，防止传染病的传播。根据第十一届全国人民代表大会第一次会议批准的国务院机构改革方案和《国务院关于机构设置的通知》（国发〔2008〕11 号），国家卫生部在食品卫生方面有如下职责：①起草与食品安全相关的法律法规草案，制定食品安全规章，依法制定有关标准和技术规范；②承担食品安全综合协调、组织查处食品安全重大事故的责任，组织制定食品安全标准，负责食品及相关产品的安全风险评估、预警工作，制定食品安全检验机构资质认定的条件和检验规范，统一发布重大食品安全信息。

（一）食品安全综合协调与卫生监督局

卫生部内设食品安全综合协调与卫生监督局，与食品安全有关的职责是：组织拟定食品安全标准；承担组织查处食品安全重大事故的工作；组织开展食品安全监测、风险评估和预警工作；拟定食品安全检验机构资质认定的条件和检验规范；承担重大食品安全信息发布工作；负责公共场所、饮用水等的卫生监督管理。

（二）中国疾病预防控制中心

中国疾病预防控制中心是卫生部领导的一个机构，是政府举办的实施疾病预防控制与公共卫生技术管理和服务的公益事业单位。营养与食品安全所（以下简称营养食品所）是中国疾病预防控制中心领导下的国家级营养与食品安全专业机构，是全国营养与食品安全业务技术指导中心。其在食品安全领域的主要职责有：建立健全食源性疾病及食品污染物监测体系、营养与食品相关实验室质量控制体系以及营养与食品安全控制技术，并开展推广应用工作。组织和承担制定国家营养与食品卫生标准、检验方法及有关技术规范。开展各种食品及原料的检验、鉴定，营养、安全、功能评价及技术仲裁工作。

（三）国家食品药品监督管理总局

国家食品药品监督管理总局是卫生部管理的一个机构，其在食品方面的主要职责为负责餐饮业、食堂等消费环节的食品安全监管。

四、农业部

农业部是国务院主管农村经济和综合管理种植业、畜牧业、渔业、农垦、乡镇企业、饲料工业及农业机械化的职能部门。其在食品安全方面的主要职能有：拟订农业各产业技术标准并组织实施；组织实施农业各产业产品及绿色食品的质量监督、认证和农业植物新品种的保护工作；组织协调种子、农药、兽药等农业投入品质量的监测、鉴定和执法监督管理。因此其在食品安全领域的作用主要表现在管理种植业和畜牧业中农药、兽药、化肥等的使用情况，推动实施良好农业操作规范（GAP），保证农产品种植、生产和销售过程中的安全，而在农产品深加工方面介入得比较少。农业部建立了农药和兽药监察体系，负责种植和养殖阶段的食品安全工作，并承担动物性食品中人畜共患疾病的兽医检验。

五、国家工商行政管理总局

国家市场监督管理总局负责组织实施市场交易秩序的规范管理和监督，对食品生产者、经营企业和个体工商户进行检查，审核其主体资格，执行卫生许可前置审批规定。同时，查处假冒伪劣产品和无证无照加工经营农副产品与食品等违法行为。

六、商务部

商务部侧重于食品流通管理，主要职责是通过积极开展“争创绿色市场”活动，整顿和规范食品流通秩序，建立健全食品安全检测体系，监管上市销售食品和出口农产品的卫生安全质量。

七、其他部门

除以上部门外，还有一些政府机构也参与了食品检验和控制。例如，铁路和交通管理部门的食品安全监督司参与自己职责领域内的食品安全检验工作；环保局参与产地环境、养殖场和食品加工流通企业污染物排放的监测与控制工作。

第二节　食品安全法规体系

目前，我国已建立了一套完整的食品安全法律法规体系，为保障食品安全、提升质量水平、规范进出口食品贸易秩序提供了坚实的基础和良好的环境。

一、法律法规

食品安全法律法规包括《中华人民共和国食品安全法》《中华人民共和国标准化法》《中华人民共和国产品质量法》《中华人民共和国计量法》《中华人民共和国消费者权益保护法》《中华人民共和国农产品质量安全法》《中华人民共和国刑法》《中华人民共和国进出口商品检验法》《中华人民共和国进出境动植物检疫法》《中华人民共和国国境卫生检疫法》《中华人民共和国农业法》《中华人民共和国动物防疫法》《中华人民共和国渔业法》和《中华人民共和国海洋环境保护法》等近20部与食品安全相关的法律。

（一）《中华人民共和国食品安全法》

自2009年6月1日起施行的《中华人民共和国食品安全法》共分为十章一百零四条，分别为总则、食品安全风险监测和评估、食品安全标准、食品生产经营、食品检验、食品进出口、食品安全事故处置、监督管理、法律责任和附则。法律规定，食品生产经营者应当依照法律法规和食品安全标准从事生产经营活动，对社会和公众负责，保证食品安全，接受社会监督，承担社会责任。法律明确规定，国务院设立食品安全委员会。国家建立食品安全风险监测和评估制度。国家对食品生产经营实行许可制度，对食品添加剂的生产实行许可制度，食品安全监督管理部门对食品不得实施免检。法律规定，除食品安全标准外，不得制定其他的食品强制性标准。国务院卫生行政部门应当对现行的食用农产品质量安全标准、食品卫生标准、食品质量标准和有关食品的行业标准中强制执行的标准予以整合，统一公布为食品安全国家标准。进口的食品、食品添加剂以及食品相关产品应当符合我国食品安全国家标准。此外，法律还对食品安全事故处置、监督管理以及法律责任做了规定。

（二）《中华人民共和国农产品质量安全法》

自2006年11月1日起施行的《中华人民共和国农产品质量安全法》（以下简称《农产品质量安全法》）共八章五十六条。该法适用于未经加工、制作的农业初级产品，是继《中华人民共和国农业法》之后的又一部综合性的农业法律，与《中华人民共和国畜牧法》《中华人民共和国动物防疫法》《中华人民共和国渔业法》等农业法律相衔接，进一步完善了我国现代农业法制体系。《中华人民共和国食品安全法》第二条规定，供食用的源于农业的初级产品（以下称食用农产品）的质量安全管理，遵守《农产品质量安全法》的规定。

《农产品质量安全法》明确规定了县级以上人民政府农业行政主管部门负责农产品质量安全的监督管理工作，县级以上人民政府相关部门按照职责分工负责农产品质量安全的有关工作；要求国务院农业行业行政主管部门要设立农产品质量安全风险评估专家委员会，对可能影响农产品质量安全的潜在危害进行风险分析和评估；授权国务院农业行政主管部门和省、自治区、直辖市人民政府农业行政主管部门发布农产品质量安全状况信息。《农产品质量安全法》还明确规定了不符合农产品质量安全标准和国家有关强制性技术规范的农产品不得上市销售的五种情形。同时，对农产品质量安全管理的公共财政投入、农产品质量安全科学研究与技术推广、农产品质量安全标准的强制性措施、农产品的标准化生产、农业投入品的监督抽查和合理使用也进行了规定。

（三）《中华人民共和国产品质量法》

《中华人民共和国产品质量法》（简称《产品质量法》）适用于包括食品在内的经过加工、制作，用于销售的一切产品。它是我国加强产品质量监督管理、提高产品质量、保护消费者合法权益、维护社会经济秩序的主要法律。《产品质量法》明确了我国产品质量的监督管理机制，明确由国务院产品质量监督部门主管全国产品质量监督工作。国务院有关部门和县级以上地方人民政府在各自的职责范围内负责产品质量监督工作。规定了产品质量国家监督抽查、产品质量认证等产品质量监管制度；规范了产品生产者、销售者、检验机构、认证机构的行为及相关法律责任。

（四）《中华人民共和国标准化法》

《中华人民共和国标准化法》规定了对包括食品在内的工业产品应制定标准，并明确了标准制定、实施和相关职责及法律责任。

对需要在全国范围内统一的技术要求，应当制定国家标准，行业标准由国务院有关行政主管部门制定，并报国务院标准化行政主管部门备案，在公布国家标准后，该项行业标准即行废止。对没有国家标准和行业标准而又需要在省、自治区、直辖市范围内统一的工业产品的安全、卫生要求可以制定地方标准，地方标准由省、自治区、直辖市标准化行政主管部门制定并报国务院标准化行政主管部门和国务院有关行政主管部门备案，在公布国家标准或者行业标准之后，该项地方标准即行废止，企业生产的产品没有国家标准和行业标准的，应当制定企业标准，作为组织生产的依据。企业的产品标准报当地政府标准化行政主管部门和有关行政主管部门备案。已有国家标准或者行业标准的，国家鼓励企业制定严于国家标准或者行业标准的企业标准，在企业内部适用。国家标准、行业标准分为强制性和推荐性。

(五)《中华人民共和国农业法》

《中华人民共和国农业法》规定，国家采取措施提高农产品的品质和质量，建立健全农产品质量标准体系和质量检测监督体系，制定保障消费安全和保护生态环境的农产品强制性标准，禁止生产、经营不符合强制性标准的农产品。国家支持建立、健全优质农产品认证和标志制度，扶持发展无公害农产品生产。符合标准规定的农产品，可以申领绿色食品标志、有机农产品标志。建立农产品地理标志制度。建立健全农产品加工制品质量标准，加强对农产品加工过程的质量安全管理和监督，保障食品安全。健全动植物防疫、检疫体系，加强监测、预警和防治，建立重大疫情和病虫害的快速扑灭机制，建设无规定动物疫病区，实施植物保护工程。采取措施保护农业生态环境，防止农业生产过程对农产品的污染。对可能危害人畜安全的农业生产资料的生产经营，依法实施登记或者许可制度，建立健全农业生产资料安全使用制度。

二、管理条例

国务院发布的行政法规包括《国务院关于加强食品等产品安全监督管理的特别规定》(国务院第503号令，2007年7月26日)、《中华人民共和国工业产品生产许可证管理条例》《中华人民共和国认证认可条例》《中华人民共和国进出口商品检验法实施条例》《中华人民共和国进出境动植物检疫法实施条例》《中华人民共和国兽药管理条例》(国务院第404号令，2004年4月9日)、《中华人民共和国农药管理条例》(国务院第326号令)、《中华人民共和国出口货物原产地规则》《中华人民共和国标准化法实施条例》《无照经营查处取缔办法》《饲料和饲料添加剂管理条例》《农业转基因生物安全管理条例》《中华人民共和国濒危野生动植物进出口管理条例》《中华人民共和国种畜禽管理条例》和《生猪屠宰管理条例》等近40部。

（一）《兽药管理条例》

我国第一个《兽药管理条例》（简称为《条例》）是1987年5月21日由国务院发布的，它标志着我国兽药法制化管理的开始。《条例》自1987年发布以来，分别在2001年和2004年经过两次较大的修改。现行的《条例》于2004年3月24日经国务院第45次常务会议通过，以国务院第404号令发布并于2004年U月1日起实施。内容包括总则、兽药生产企业的管理、兽药经营企业的管理、兽医医疗单位的药剂管理、新兽药审批和进口兽药管理、兽药监督、兽药的商标和广告管理、罚则和附则，共九章七十五条。

新《条例》增加了食品安全、兽药残留监督和处罚、兽药安全使用等法规制度。提高了对从业机构和人员的要求，强化了对违法行为和人员的处罚力度，加强了兽药监督要求，是一部更全面、更具体的法规草案。在兽药安全使用管理方面，新《条例》加大了对使用违禁药物和不按标准使用兽药的处罚力度，设置了处方药和非处方药分类管理制度，用药记录制度，加深了对兽药包装、标签、说明书的管理。在对从业机构和人员的要求方面，新《条例》设置了GMP标准，明确了对兽药研究单位审核的要求。因此新《条例》从兽药研究、生产、经营和使用四个环节全面加强了兽药规范化管理。

为保障条例的实施，与《条例》配套的规章有《兽药注册办法》《处方药和非处方药管理办法》《生物制品管理办法》《兽药进口管理办法》《兽药标签和说明书管理办法》《兽药广告管理办法》《兽药生产质量管理规范》《兽药经营质量管理规范》《兽药非临床研究质量管理规范》和《兽药临床试验质量管理规范》等。

（二）《中华人民共和国兽药典》

《兽药管理条例》第四十五条规定，“国家兽药典委员会拟定的、国务院兽医行政管理部门发布的《中华人民共和国兽药典》和国务院兽医行政管理部门发布的其他兽药标准为兽药国家标准”。也就是说，兽药只有国家标准，不再有地方标准。

根据《中华人民共和国标准化法实施条例》，兽药标准属强制性标准。强制性标准是必须执行的标准。《中华人民共和国兽药典》是国家为保证兽药产品质量而制定的具有强制约束力的技术法规，是兽药生产、经营、进出口、使用、检验和监督管理部门共同遵守的法定依据。它不仅对我国的兽药生产具有指导作用，而且是兽药监督管理和兽药使用的技术依据，也是保障动物源食品安全的基础。

1990年版《中华人民共和国兽药典》分为一、二部。一部为化学药品、生物制品，收载品种379个，其中，化学药品343个，生物制品36个。二部为中药，收载品种499个，其中药材418个，成方制剂81个。全书共收载878个品种。2000年版《中华人民共和国兽药典》仍然分为一、二部。一部收载化学药品、抗生素、生物制品和各类制剂共469个；二部收载中药材、中药成方制剂共656个。全书共收载1125个品种，约210万字。2005年版《中华人民共和国兽药典》为了与国际接轨，进行了改革，把药物的“作用与用途”“用法与用量”等内容适当扩充独立编写为《兽药使用指南》以更好地指导相关从业人员科学、合理用药。

三、有关食品安全的部门规章

农业、卫生、质检、工商等部门制定了《无公害农产品管理办法》《食品生产加工企业质量安全监督管理实施细则（试行）》《中华人民共和国工业产品生产许可证管理条例实施办法》《食品卫生许可证管理办法》《食品添加剂卫生管理办法》《进出境肉类产品检验检疫管理办法》《进出境水产品检验检疫管理办法》《流通领域食品安全管理办法》《农产品产地安全管理办法》《农产品包装和标识管理办法》《食品标签标注规定》《新资源食品卫生管理办法》《转基因食品卫生管理办法》和《出口食品生产企业卫生注册登记管理规定》等部门规章。

我国还有一些与食品安全密切相关的配套法规、行政规章、食品卫生标准及检验规程等。另外，我国各地方政府也出台了大量地方性法规以及地方行政规章。以上法律法规体系为提高中国食品安全水平奠定了重要的基础。

（一）有关食品安全标准

在过去，我国有两套食品国家标准，一套称为“食品质量标准”，法律依据是《中华人民共和国食品质量法》，制定单位是国家市场监督管理总局；另一套是“国家食品卫生标准”，依据的法律是《中华人民共和国食品卫生法》，执行单位是国家卫生部。对此，《中华人民共和国食品安全法》明确规定，国务院卫生行政部门应当对现行的食用农产品质量安全标准、食品卫生标准、食品质量标准和有关食品的行业标准中强制执行的标准予以整合，统一公布为食品安全国家标准。

按《中华人民共和国食品安全法》第三章，食品安全国家标准由国务院卫生行政部门负责制定、公布，国务院标准化行政部门提供国家标准编号。食品安全标准应当包括下列内容：①食品、食品相关产品中的致病性微生物、农药残留、兽药残留、重金属、污染物质以及其他危害人体健康物质的限量规定；②食品添加剂的品种、使用范围、用量；③专供婴幼儿和其他特定人群的主、辅食品的营养成分要求；④对与食品安全、营养有关的标签、标识、说明书的要求；⑤食品生产经营过程的卫生要求；⑥与食品安全有关的质量要求；⑦食品检验方法与规程；⑧其他需要制定为食品安全标准的内容。

食品中农药残留、兽药残留的限量规定及其检验方法与规程由国务院卫生行政部门、国务院农业行政部门制定。屠宰畜禽的检验规程由国务院有关主管部门会同国务院卫生行政部门制定。有关产品国家标准涉及食品安全国家标准规定内容的，应当与食品安全国家标准相一致。进口的食品、食品添加剂以及食品相关产品应当符合我国食品安全国家标准。建立科学、统一、权威的食品安全标准体系，不仅能为保障食品安全奠定坚实的基础，还能有效杜绝各个执法部门法出多门、各自为政的现象。

（二）农业部和国家市场监督管理总局有关动物卫生控制的规章

农业部和国家市场监督管理总局有关动物卫生控制的规章有《供港澳活禽检验检疫管理办法》（国家质检总局第26号局令）、《动物疫情报告管理办法》（1999年10月20日农业部发布）、《国家动物疫情测报体系管理规范（试行）》《国家高致病性禽流感防治应急预案》《关于印发（高致病性禽流感防治技术规范）等7个重大动物疫病防治技术规范的通知》《关于加强农药安全管理工作的通知》（农业部办公厅2002年5月16口）、《农药管理条例实施办法》（农业部第20号令）、《关于加强农药残留监控工作的通知》《农药限制使用管理规定》（2002年6月28日）、《关于加强农药残留监控工作的通知》《农药限制使用管理规定》（农业部第17号令）、《关于发布〈允许作饲料药物添加剂的兽药品种及使用规定〉的通知》（农牧发口〔1997〕8号）。

(三) 出口肉类、水产品及蜂蜜生产加工卫生安全控制的规章

有关出口肉类、水产品及蜂蜜生产加工卫生安全控制的部门规章包括:《出口肉类检验管理规定》《进出境肉类产品检验检疫管理办法》(国家市场监督管理总局2002年第26号令)、《出口肉禽饲养用药管理办法》《出口禽肉及其制品检验检疫要求》《进出境水产品检验检疫管理办法》(国家市场监督管理总局2002年第31号令)、《水产品卫生管理办法》(卫生部)、《关于加强渔业质量管理工作的通知》《出口蜂蜜检验检疫管理办法》(国家质检总局第20号局令)、《出口水产品质量安全控制规范》(GB/Z 21702—2008)。

(四) 有关出口食品企业注册管理的规章

有关出口食品企业注册管理的规章包括:《出口食品卫生注册登记管理规定》(国家市场监督管理总局2002年第20号令)、《出口食品生产企业危害分析与关键控制点(HACCP)管理体系认证管理规定》(认监委2002年第3号公告)、《出口食品生产企业申请国外卫生注册管理办法》(认监委2002年第15号公告)、《出口鳗鱼养殖场登记管理办法》《出口水产品生产企业注册卫生规范》(SN/T 1357—2004)、《关于加强注册企业危害分析和关键控制点(HACCP)验证工作的通知》(国认注〔2007〕65号)、《出境水产品追溯规程(试行)》(国质检食函〔2004〕348号)、《出境养殖水产品检验检疫和监管要求(试行)》(国质检食函〔2004〕348号)、《关于出口食品加施检验检疫标志的公告》(质检总局2007年第85号公告)。

(五) 发布的其他有关兽药管理的规章

1.《兽药管理条例实施细则》

凡从事兽药生产、经营、使用、研究、宣传、检验、监督管理活动者须遵守本细则的规定。国家对兽药生产、经营、进口及医疗单位配制兽药制剂实行许可证制度,未经许可禁止生产、经营、进口兽药及配制兽药制剂。

其中与残留监控密切相关的第九章饲料药物添加剂管理规定:第五十条凡含有药物的饲料添加剂,均按兽药进行管理。饲料药物添加剂必须按农业部发布的饲料药物添加剂允许使用品种及标准的规定进行生产、经营和使用。第五十一条药品不得直接加入饲料中使用,必须将药物制成预混剂。预混剂应规定载体、稀释剂和分散剂的品种。生产企业应将配方、生产工艺、质量标准按兽药制剂的申报程序,报省、自治区、直辖市农业(畜牧)厅(局)

审查批准发给批准文号后，方准生产。第五十二条预混剂有效成分的配方必须在标签上注明。规定停药期的，应当在标签或说明书上注明。第五十三条饲料药物添加剂使用的药物，必须符合兽药标准的规定。由两种以上药物制成的饲料添加剂，必须符合药物配伍规定。

2.《兽药生产质量管理规范》(农业部第11号令)

本规范是兽药生产企业管理生产和质量的基本准则。兽药生产的全过程均应符合本规范的规定。

3.《兽药标签和说明书管理办法》(农业部第22号令)

为加强兽药监督管理，规范兽药标签和说明书的内容、印制、使用活动，保障兽药使用的安全有效，根据《兽药管理条例》，制定本办法。

4.《关于查处非法生产、销售和使用盐酸克伦特罗等药品的紧急通知》(农牧发〔2000〕4号)

各省（自治区、直辖市）畜牧兽医、饲料和药品监督管理部门要迅速组建查处非法生产、销售和使用盐酸克伦特罗等药品联合工作组，各司其职，分工协作，堵截源头，严格监控该类药品的销售渠道。

5.《撤销的兽药产品批准文号目录》(农业部208号公告)

该公告共废止国家标准8个，行业标准2个，地方标准207个，其中废止渔用药产品质量标准52个；各地共撤销产品批准文号1057个，其中撤销渔用药产品批准文号143个。

6. 农业部、卫生部、国家食品药品食品监督管理局公告的《禁止在饲料和动物饮用水中使用的药物品种目录》(农业部与药监局227号公告)

为保证动物性产品质量安全，维护人民身体健康，根据《兽药管理条例》规定，2002年4月农业部发布了《食品动物禁用的兽药及其他化合物清单》（农业部193号公告，以下简称《禁用清单》），禁止氯霉素等29种兽药用于食品性动物，限制8种兽药作为动物促生长剂使用，并废止了禁用兽药质量标准，注销了禁用兽药产品批准文号，对兽药生产、经营、使用单位的库存禁用兽药一律做销毁处理，从养殖生产用药环节对动物产品质量安全实施监控。

经最高人民法院审判委员会第1237次会议、最高人民检察院第九届检察委员会第109次会议通过。以法释［2002］26号，《最高人民法院、最高人民检察院关于办理非法生产、销售、使用禁止在饲料和动物饮用水中使用的药品等刑事案件具体应用法律若干问题的解释》，作为《禁止在饲料和动物饮用水中使用的药物品种目录》（农业部与药监局 227 号公告）附件公布。为使用禁药的处理提供了相应的法律基础。

7. 关于发布《允许作饲料药物添加剂的兽药品种及使用规定》的通知（农牧发〔1997〕8 号）

目录中所列类别及品种为《饲料和饲料添加剂管理条例》规定的营养性饲料添加剂和一般饲料添加剂，其执行的质量标准为国家标准和行业标准，总计 173 种（类）。

8. 其他的管理规章

《兽用生物制品管理办法》《兽药质量监督抽样规定》《进口兽药管理办法》《兽药药政药检工作管理办法》《新兽药及兽药新制剂管理办法》《兽用新生物制品管理办法》《核发（兽药生产许可证）、（兽药经营许可证）、（兽药制剂许可证）管理办法》《兽药广告审查办法》（国家工商总局、农业部第 29 号令）、《兽药广告审查标准》（国家工商行政管理局 26 号令）、《兽药生产质量管理规范检查验收办法》（农业部 267 号公告）等为规范兽药的管理、生产和流通提供了法规保障。

9. 有关残留限量标准

（1）兽药残留限量标准农业部于 1994 年首次发布了 42 种兽药在动物源性食品中的最高残留限量；经修订，1997 年发布了 47 种兽药在动物源性食品中的最高残留限量；1999 年又对残留限量标准进行了修订，共规定了 109 种兽药的最高残留限量；2002 年再次对残留限量标准进行修订，并于 2002 年 12 月 24 日发布。新发布的《动物性食品中兽药最高残留限量》由四个部分组成：①凡农业部批准使用的兽药，按质量标准、产品使用说明书规定用于食品动物，不需要制定最高残留限量的有 88 种药物；②凡农业部批准使用的兽药，按质量标准、产品使用说明书规定用于食品动物，需要制定最高残留限量的有 94 种药物；③凡农业部批准使用的兽药，按质量标准、产品使用说明书规定用于食品动物，但不得在动物性食品中检出兽药残留的有 9 种药物；④农业部明文规定禁止用于所有食品动物，且在动物性食品中不得检出残留的药物有 31 种。

（2）农药残留限量标准。以前我国的农药残留限量标准是以单一药物一个标准发布的，难以查阅。之后经整合以国家标准 GB 2763—2005《食品中农药最大残留限量》发布。

（3）食品添加剂使用卫生标准。我国的食品添加剂使用卫生标准以国家标准 GB 2760—1996 发布的，以后每年有所增补。现行的标准是新整合的 GB 2760—2007《食品添加剂使用卫生标准》。

（4）其他残留限量标准。GB 2761—2005《食品中真菌毒素限量》、GB 2762—2005《食品中污染物限量》。

10. 兽药休药期标准

农业部于 1994 年发布了《饲料药物添加剂允许使用目录》，规定了 94 种兽药可用作饲料药物添加剂。1997 年，发布了《允许作饲料药物添加剂的兽药品种及使用规定》，规定了 30 种允许作饲料药物添加剂的兽药的适用动物品种、适用阶段、适用剂量、停药期和配伍禁忌。《中华人民共和国兽药典》（2000 年版）中还首次规定了 20 多种兽药的停药期。2001 年，农业部再次修订发布了《饲料药物添加剂使用规范》，对兽药通过饲料给药进行了规范，并确定了将兽药分为处方药和非处方药管理的目标。2003 年 4 月，全国残留专家委员会开会，参照发达国家兽药休药期的规定，结合我国药代动力学、药物在动物体内消除规律研究的结果，研究制定了我国 400 余种兽药的休药期，发布了《兽药国家标准和部分品种的停药期规定》（农业部 278 号公告）。目前实行的停药期标准是同 2006 年 7 月发布的 2005 年版《中华人民共和国兽药典》配套的《兽药使用指南（化学药品卷）》。它对各种兽药品种提供兽医临床所需的资料，以达到科学、合理用药，并保证动物性食品安全的目的。因此是兽药使用的法定依据。《兽药使用指南（化学药品卷）》收载品种 831 个，分别介绍其性状、药理、药物相互作用、不良反应、最高残留限量、制剂、适应证、用法与用量、注意事项、停药期、规格等。

第三节　食品安全标准体系

经过 50 年的发展，中国已经初步建立包括国家标准、行业标准、地方标准和企业标准的标准框架体系，有力地促进了中国食品行业的发展和食品质量的提高。近年来，在国家标准化管理委员会统一管理和卫生、农业、质检等相关部门的共同参与下，食品标准化工作取得了快速进展。

根据“中国的食品质量安全状况白皮书”介绍，国家标准化管理委员会统一管理中国食品标准化工作，国务院有关行政主管部门分工管理本部门、本行业的食品标准化工作。食品安全国家标准由各相关部门负责草拟，国家标准化管理委员会统一立项、统一审查、统一编号、统一批准发布。目前，中国已初步形成了门类齐全、结构相对合理、具有一定配套性和完整性的食品质量安全标准体系。食品安全标准包括了农产品产地环境，灌溉水质，农业投入品合理使用准则，动植物检疫规程，良好农业操作规范，食品中农药、兽药、污染物、有害微生物等限量标准，食品添加剂及使用标准，食品包装材料卫生标准，特殊膳食食品标准，食品标签标识标准，食品安全生产过程管理和控制标准，以及食品检测方法标准等方面。涉及粮食、油料、水果蔬菜及制品、乳与乳制品、肉禽蛋及制品、水产品、饮料酒、调味品、婴幼儿食品等可食用农产品和加工食品，基本涵盖了从食品生产、加工、流通到最终消费的各个环节。目前，中国已发布涉及食品安全的国家标准1800余项，食品行业标准2900余项，其中强制性国家标准634项。

但是我国食品安全标准还有很多问题，主要表现为两方面：一方面我国的相关标准太老、太少，未与国际接轨；另一方面我国食品标准又太多、太乱，卫生标准、质量标准、农产品质量标准等，又有国家标准、企业标准，各标准间相互重复交叉、层次不清。为此在《中华人民共和国食品安全法》中针对食品安全标准规定了国务院卫生行政部门应当对现行的食用农产品质量安全标准、食品卫生标准、食品质量标准和有关食品的行业标准中强制执行的标准予以整合，统一公布为食品安全国家标准。进口的食品、食品添加剂以及食品相关产品应当符合我国食品安全国家标准。建立科学、统一、权威的食品安全标准体系，不仅能为保障食品安全奠定坚实的基础，还能有效杜绝各个执法部门法出多门、各自为政的现象。

第四节 食品安全检验体系

我国食品安全监测机构分布在农业部、卫生部、国家质检总局等多个政府部门。根据《中国的食品质量安全状况白皮书》介绍，我国已建立了一批具有资质的食品检验检测机构，初步形成了“以国家级检验机构为龙头，省级和部门食品检验机构为主体，市、县级食品检验机构为补充”的食品安全检验检测体系。检测能力和水平不断提高，能够满足对产地环境、生产投入品、生产加工、储藏、流通、消费全过程实施质量安全检测的需要，基本能够满足国家标准、行业标准和相关国际标准对食品安全参数的检测要求。我国对食品实验室实行了与国际通行做法一致的认可管理，加强国际互认、信息共享、科技攻关，保证了检测结果的科学、公正。已认定了一批食品检验检测机构的资质，共有3913家食品类检测实验室通过了实验室资质认定（计量认证），其中食品类国家产品质检中心48家，重点食品类实验室35家，这些实验室的检测能力和检测水平已达到了国际较先进水平。在进出口食品监管方面，形成了以35家“国家级重点实验室”为龙头的进出口食品安全技术支持体系，全国共有进出口食品检验检疫实验室163个，拥有各类大型精密仪器10000多台（套）。全国各进出口食品检验检疫实验室直接从事进出口食品实验室检测的专业技术人员有1189人，年龄结构、专业配置合理。各实验室可检测各类食品中的农兽药残留、添加剂、重金属含量等786个安全卫生项目以及各种食源性致病菌。截至2006年，已经建设国家级（部级）农产品质检中心323个、省的县级农产品检测机构1780个，初步形成了部、省、县相互配套、互为补充的农产品质量安全检验检测体系，为加强农产品质量安全监管提供了技术支撑。

一、农业部的检测体系

农业部建立了农药和兽药检测体系，负责种植和养殖阶段的食品安全工作，并承担动物性食品中人畜共患疾病的兽医检验。

我国政府一直高度重视农产品质量安全检测体系的建设。自1985年国务院颁布《产品质量监管试行办法》以后，为了有效加强对农产品质量安全的监督，农业部分别于1988年、1991年和1998年分三批，在与农业有关的科研、教学和专业检验检测机构中择优组建了国家级产品质检中心13个，还规划建设了179个部级农产品质检中心，到目前已有164个部级农产品质检中心通过了国家计量认证和机构授权认可。

经过10多年的建设，目前农业部所属的国家级、部级检测中心的管理水平明显加强，执法地位逐步树立，检测范围不断扩大，检测条件有了一定的改善，从事农产品质量安全检测的人员数量有了明显的增加，人员素质有了明显提高，具备对我国重点行业和重点产品的现有国家、行业标准所规定的各项指标要求的检测能力。这些质检机构寓监督于服务之中，集质量评价、市场信息、技术服务和人才培训为一体，在促进农产品质量安全水平的全面提高，保证人体和动植物健康安全，提高农产品市场竞争力，维护市场秩序等方面，发挥了重要作用。

在建好部级质检中心的同时，农业部还指导地方农业部门建立省级农产品质量安全检验站（所）480余个，地、市、县级农产品质量安全检测站（所）1200余个。

二、质检总局的检测体系

国家市场监督管理总局是由原国家出入境检验检疫局和国家技术监督局合并而成的。质检总局一是在各口岸都设立有专业机构负责出入境食品安全的检验监督和检测方法研究工作；二是负责市场上食品的质量抽查。

目前，国家市场监督管理总局系统依法设置和授权建立了3000多个食品质量检测机构，其中在黑龙江、安徽、河南、大连、吉林等19个省、市建立了近30个食品类国家级质量监督检验中心；在全国31个省、自治区、直辖市和5个计划单列市，以及相关产业部门建有173个省部级食品检测技术机构；地市级食品质检机构335个；2000多个县也都建有食品检测技术机构。全国35个直属出入境检验检疫局和156个分支局，建有163个食品检验检疫中心和300多个进出口食品质量安全检测室，承担着全国食品和农产品的进出口检测检验任务。国家和省级食品质量安全检验机构可以对农药残留、兽药残留、重金属残留等进行全面监督检查。目前，全国食品检验在用设备已有上万套，检验人员逾10万人。其中，70%以上人员具有大学专科以上学历。特别是近年来，根据国际形势的发展，还专门建立了疯牛病检测实验室、转基因产品检测实验室等。已基本形成了以国家级技术机构为中心，以省级技术机构为龙头，以市、县技术机构为基础的食品检验检测体系。

三、卫生部的检测体系

卫生部将原卫生防疫站改建为疾病预防控制中心负责检验工作，并形成了从中央到省、市、县的全国食品安全监督检验体系。在食源性疾病方面，卫生部有一个食物中毒的调查、诊断、处理系统，包括病原微生物的检测。卫生部下设卫生监督中心、县及以上各级卫生行政部门和中国 CDC（营安所）。其中卫生监督中心是行政执行机构，下设同级卫生监督所（局）。中国 CDC（营安所）是技术支持部门，下设同级 CDCO 口岸进口食品监督检验机构，全国共有 10 万左右的卫生监督员，20 余万的食品卫生检验人员。

四、商务部的检测体系

商务部门市场检测体系初步建立，全国大型农副产品批发市场已普遍配备了卫生质量检测设备和专职人员，开展检测的零售市场也在不断增加。

第五节　食品认证认可体系

一、概述

认证是国际通行的现代质量管理、质量控制的有效手段。它是由处于公正第三方地位的认证机构证明食品及其生产、加工和储运、销售全过程符合标准、技术规范要求的合格评定活动。

2003 年，国家市场监督管理总局与国家认证认可监督管理委员会、农业部、国家经贸委、外经贸部、卫生部、国家环保总局、国家市场监督管理总局、国家标准委九个部门提出了建立农产品认证认可工作体系的具体措施，即建立统一、规范的农产品认证认可体系；实行统一的农产品认证机构、认证咨询机构和认证培训机构的国家认可制度。

中国国家认证认可监督管理委员会统一管理、监督和综合协调全国的认证认可工作，加强认证市场整顿力度，规范认证行为，现已基本形成了统一管理、规范运作、共同实施的食品、农产品认证认可工作局面，基本建立了“从农田到餐桌”全过程的食品、农产品认证认可体系。认证类别包括饲料产品认证、良好农业规范（GAP）认证、无公害农产品认证、有机产品认证、食品质量认证、HACCP 管理体系认证、绿色市场认证等。目前，我国有机产品认证面积达 203 万公顷，已进入世界前 10 位；与国际接轨的 GAP 认证已在 18 个试点省 286 家出口企业及农业标准化示范基地开展认证试点工作；

2675 家食品生产企业获得了 HACCP 认证；28600 个初级农产品获得无公害农产品认证；饲料产品认证、酒类产品质量等级认证、绿色市场认证等工作不断取得进展。国家不断加强对认证产品和企业的监管，提高认证工作的权威性、有效性。

二、食品生产企业 HACCP 体系认证

2002 年，国家认监委先后发布了《食品生产企业危害分析与关键控制点（HACCP）管理体系认证管理规定》和关于在出口罐头、水产品、肉及肉制品、速冻蔬菜、果蔬汁、速冻方便食品 6 类出口食品企业开展强制性 HACCP 体系认证的规定。2004 年 3 月，国家认监委会同国家市场监督管理总局、农业部、原国家经贸委、原外经贸部、卫生部、国家环保总局、国家市场监督管理总局和国家标准委下发了《关于建立农产品认证认可工作体系实施意见》，明确提出在农产品领域积极推行 HACCP 管理体系及认证。目前，正在组织或会同有关方面在一些领域开展 HACCP 体系认证的实施规则，规范相关认证活动。今后，更应该致力于 HACCP 体系认证范围的拓宽，从几类食品到所有市场销售食品，从沿海地区到内地，从大中城市到小城镇。总之，要使 HACCP 体系认证覆盖全国的食品行业，真正消除低劣食品的生存空间，从根本上解决中国食品质量水平低下的问题，为社会的全面小康奠定基础。

三、SN/T 1443. 1—2004 食品安全管理体系认证

（1）认证依据 SN/T 1443. 1—2004 食品安全管理体系认证是 HACCP 体系认证的升级形态，其认证依据为 SN/T 1443. 1—2004《食品安全管理体系要求》标准。

该标准是国家质检总局正式批准发布、拥有中国自主知识产权的我国第一个食品安全管理体系建立、认证、官方验证、监督管理的标准和依据，适用于生产、加工、包装、储藏、运输、销售或制售供人类消费的各类食品及其原料的任何组织。该标准以国际食品法典委员会（CAC）公布的 HACCP 体系为核心，增加了食品卫生基础要求，融入了管理体系要素，对食品企业从原料供方管理到最终消费者食用安全保障的全过程提出了规范性安全管理

和操作要求，规定了覆盖食品链的全程食品安全管理体系。

该标准的发布实施是继 QS 食品市场准入制度之后，国家市场监督管理总局和国家认监委为从源头上解决食品安全问题所采取的又一重要举措。QS 食品市场准入制度与 SN/T 1443. 1—2004 食品安全管理体系标准的配合实施，将从根本上改善我国食品安全状况，对保障人民生命安全和身体健康具有重要的现实意义。

（2）认证申请条件申请 BQC 提供的 SN/T 1443. 1—2004 食品安全管理体系认证的食品企业，需具备以下基础条件之一：获得 HACCP 体系认证；通过 HACCP 体系官方验证；获得出口食品企业卫生注册；已申请或获得 QS 市场准入资格；获得 ISO 9001 认证。

（3）认证审核技术在认证审核中以具有国际先进水平的 SN/T 1443. 2—2004《食品安全管理体系审核指南》标准为指导，引入具有国际先进水平的食品安全质量审核技术，注重企业的行动满足标准要求的程度，为确保获证企业建立实施的食品安全管理体系达到并保持国际先进水平提供世界一流的认证审核技术保证。

四、无公害农产品认证、绿色食品认证和有机食品认证

我国的农产品认证，到目前为止分为无公害食品、绿色食品、有机食品认证。从标准的严格程度来看，无公害食品的标准较低，绿色食品的标准次之，有机食品的标准最高。其中无公害食品和绿色食品为中国特色的产物，有机食品则是国际通用标准。

（1）无公害食品认证无公害农产品是指产地环境、生产过程、产品质量符合国家有关标准和规范的要求，经认证合格获得认证证书并允许使用无公害农产品标志的未经加工或初加工的食用农产品。

根据《无公害农产品管理办法》（农业部、国家质检总局第 12 号令），无公害农产品认证分为产地认定和产品认证，产地认定由省级农业行政主管部门组织实施，产品认证由农业部农产品质量安全中心组织实施，获得无公害农产品产地认定证书的产品方可申请产品认证。无公害农产品定位是保障基本安全、满足大众消费。

无公害农产品认证的性质：无公害农产品认证是政府行为，认证不收费。

无公害农产品认证流程如图 2-1 所示。

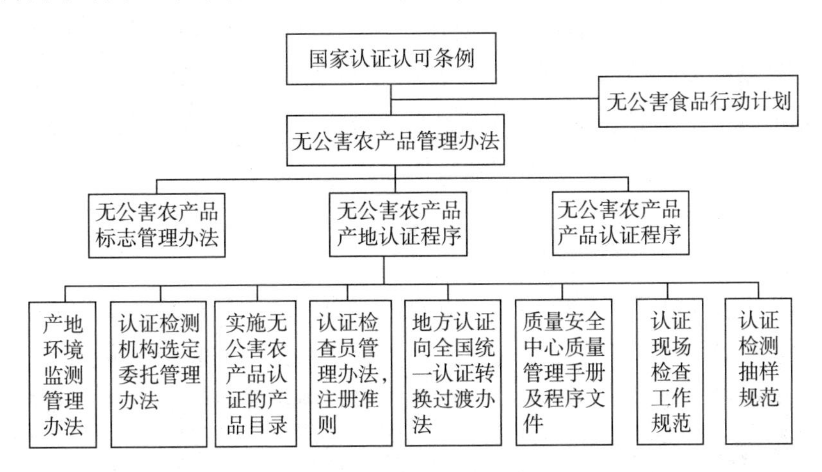

图 2-1　无公害农产品认证流程

目前我国无公害农产品认证依据的标准是中华人民共和国农业部颁发的农业行业标准。无公害农产品认证经过的环节：①省农业行政主管部门组织完成无公害农产品产地认定（包括产地环境监测），并颁发《无公害农产品产地认定证书》；②省级承办机构接收《无公害农产品认证申请书》及附报材料后，审查材料是否齐全、完整，核实材料内容是否真实、准确，生产过程是否有禁用农业投入品使用和投入品使用不规范的行为；③无公害农产品定点检测机构进行抽样、检测；④农业部农产品质量安全中心所属专业认证分中心对省级承办机构提交的初审情况和相关申请资料进行复查，对生产过程控制措施的可行性、生产记录档案和产品《检验报告》的符合性进行审查；⑤农业部农产品质量安全中心根据专业认证分中心审查情况，组织召开“认证评审专家会”进行最终评审；⑥农业部农产品质量安全中心颁发认证证书、核发认证标志，并报农业部和国家认监委联合公告。

在经过无公害农产品产地认证的基础上，在该产地生产农产品的企业和个人，按要求组织材料，经过省级承办机构、农业部农产品质量安全中心专业分中心的严格审查、评审，符合无公害农产品的标准，同意颁发无公害农产品证书并许可加贴标志的农产品，才可以冠以“无公害农产品”称号。

无公害农产品标志的作用及其意义：①无公害农产品标志是由农业部和国家认监委联合制定并发布，是加施于获得全国统一无公害农产品认证的产品或产品包装上的证明性标识。印制在包装、标签、广告、说明上的无公害农产品标志图案，不能作为无公害农产品标志使用；②该标志的使用涉及政府对无公害农产品质量的保证和对生产者、经营者及消费者合法权益的维护，是国家有关部门对无公害农产品进行有效监督和管理的重要手段。因此，要求所有获证产品以“无公害农产品”称谓进入市场流通，均需在产品或产品包装上加贴标志；③标志除采用多种传统静态防伪技术外，还具有防伪数码查询功能的动态防伪技术。因此，使用该标志是无公害农产品高度防伪的重要措施。

无公害农产品是指产地环境、生产过程和产品质量都符合无公害农产品标准的农产品，不是不使用农药，而是合理使用化肥和农药，在保证产量的同时，确保产地环境安全、产品安全。所以不使用任何农药生产出的农产品也不一定是无公害农产品。

截至 2004 年 4 月 7 日，通过全国统一标志的无公害农产品认证的单位有 2838 家，通过认证的产品有 3959 个，其中种植业产品 3344 个，渔业产品 567 个，畜牧业产品 448 个。

（2）绿色食品认证绿色食品必须具备四个条件：①绿色食品必须出自优良的生态环境，即产地经监测，其土壤、大气、水质符合《绿色食品产地环境技术条件》要求；②绿色食品的生产过程必须严格执行绿色食品生产技术标准，即生产过程中的投入品（农药、肥料、兽药、饲料、食品添加剂等）符合绿色食品相关生产资料使用准则规定，生产操作符合绿色食品生产技术规程要求；③绿色食品产品必须经绿色食品定点监测机构检验，其感官、理化（重金属、农药残留、兽药残留等）和微生物学指标符合绿色食品产品标准；④绿色食品产品包装必须符合《绿色食品包装通用准则》要求，并按相关规定在包装上使用绿色食品标志。

绿色食品认证是我国较为主要的认证体系。主要根据《欧共体关于有机农业及其有机农产品和食品条例》《有机农业运动国际联盟（IFOAM）有机农业和食品加工基本标准》《联合国食品法典委员会（CAC）有机生产标准》《中国国家环境标准》《中国食品质量标准》《中国绿色食品生产技术研究成果》制定。它分为两类，AA 级绿色食品和 A 级绿色食品。主要从环境质量标准、生产操作规程、产品标准、包装标准、储藏和运输标准及其他相关标准等方面进行检验认证，是一个比较完整的质量认证体系。

（3）有机食品认证按照有机农业生产标准，在生产过程中不使用有机化学合成的肥料、农药、生长调节剂和畜禽饲料添加剂等物质，不采用基因工程技术获得的生物及其产物，而是遵循自然规律和生态学原理，采取一系列可持续发展的农业技术，协调种植业和畜牧业的关系，促进生态平衡、物种的多样性和资源的可持续利用。

有机产品是包括有机食品在内的所有经过有机认证的产品的总称。有机产品既可以是经过加工的，又可以是未经加工的。有机食品是最主要和最大量的有机产品。

我国有机产品认证管理正在趋于成熟、规范。主要遵循由国家市场监督管理总局发布的《有机产品认证管理办法》、国家标准 GB 19630. 1—2011 至 19630. 4—2011《有机产品标准》以及《有机产品认证实施规则》等规范性文件。①《有机产品认证管理办法》（以下简称《办法》）规定了今后我国的有机产品认证、认可工作将在国家认监委的统一管理、综合协调和监督之下开展。《办法》同时规定，凡是在我国境内从事有机产品认证活动以及有机产品生产、加工、销售活动都应当遵循相关规定。这就意味着我国在有机产品认证、认可方面将有一套统一的评价和管理要求。这无疑将为我国大力发展优质、高产、高效、生态、安全农业，全面提高农产品质量安全水平起到积极的促进作用。《有机产品认证管理办法》的发布和实施，促进了行业发展，提供了统一评价体系，无论对于政府部门的统一监管，企业的生产活动，认证机构的认证行为，还是对于消费者购买相关产品，都具有极其重要的积极意义。②GB 19630. 1—2011 至 19630. 4—2011《有机产品标准》GB 19630 标准分为 4 部分。第 1 部分是生产，规定了农作物、食用菌、野生植物、禽畜、水产、蜜蜂及其未加工产品的有机生产通用规范和要求；适用于有机生产的全过程，主要包括：作物种植、食用菌栽培、野生植物采集、禽畜养殖、水产养殖、蜜蜂养殖及其产品的运输、储藏和包装。第 2 部分是加工，规定了有机加工的通用规范和要求，适用于第 1 部分生产的未加工产品为原料进行加工及包装、储藏和运输的全过程。第 3 部分是标识与销售，规定了有机产品的标识和销售的通用要求。第 4 部分是生产管理体系，规定了有机产品生产、加工、经营过程中应建立和维护的管理体系的通用规范和要求；适用于有机产品的生产者、加工者、经营者和相关的供应环节。③《有机产品认证实施规则》该规则对认证机构开展有机产品认证程序做了统一要求，分别对认证申请、受理、现场检查的要求、提交材料的步骤、样品和产地环境监测的条件和程序、检查报告的记录与编写、做出认证决定的条件和程序、认证证书和标志的发放和管理方式、收费标准等做出了具体规定。

五、中国良好农业规范（CHINAGAP）认证

（1）关于GAP（良好农业规范）：GAP是应用现有的知识来处理农场生产过程和生产后的环境、经济和社会的可持续性，农业生产者通过环境控制、病虫害综合防治、养分综合管理和保护性农业等可持续性发展方法来建立GAP控制体系，从而获得安全健康的农产品食物。良好农业规范对可追溯性、食品安全、环境保护和工人福利等提出要求，增强了消费者对GAP产品的信心。从总体上讲，GAP在控制食品安全危害的同时，兼顾了可持续发展的要求，以及区域文化和法律法规的要求，并以第三方认证的方式来推广实施。

CHINAGAP——中国良好农业规范，是结合中国国情，根据中国的法律法规，参照EUREPGAP《良好农业规范综合农场保证控制点与符合性规范》制定的用来认证安全和可持续发展农业的规范性标准。

（2）国际、国内GAP认证的趋势：联合国粮农组织（FAO）已经提出了GAP的框架，为各国制定和实施本国GAP提供了指南。美国、澳大利亚、加拿大等国际主要农产品生产和贸易大国都已经建立了自己的GAP认证规范和体系。

目前，应用最为广泛的是EUREPGAP。EUREPGAP是1997年由欧洲零售商协会农产品工作组（EUREP，Euro Retailer Produce Working Group）发起，并组织零售商、农产品供应商和生产者制定了GAP标准。随着公众对食品安全问题的关注，欧盟对进口农产品的要求越来越严格，未通过EUREPGAP认证的供货商在国际市场上占有的市场份额正在逐步缩小。欧洲的大部分国家根据自己情况制定了GAP，GAP已经成为欧盟成员国农业生产长期持续和改进的基本要求。

目前，国家认监委已制定了中国良好农业规范综合农场保证认证实施规则和中国良好农业规范综合农场保证控制点与符合性系列规范（11项），并准备开展中国良好农业规范应用与认证工作。同时，国家认监委与EUREPGAP签署了《国家认证认可监督管理委员会与EUREPGAP/FOODPLUS技术合作备忘录》，就GAP技术交流和认证基准性比较（即国际互认）等方面达

成一致。

（3）认证级别的划分及认证要求：CHINAGAP 划分为一级认证和二级认证两个级别，具体内容：一级认证要求必须 100%符合所有适用的一级控制点要求，所有模块适用的二级控制点至少 90%符合要求（果蔬类所适用的二级控制点必须至少 95%符合），不设定三级控制点最小符合百分比；二级认证要求所有适用的一级控制点必须 95%符合（果蔬类所适用的一级控制点必须 100%符合），不设定二级、三级控制点最小符合百分比。

第六节 食品安全性评价体系

一直以来，我国对食品安全的监管是以对不安全食品的立法、清除市场上的不安全食品和负责部门认可项目的实施作为基础的。这些传统的做法由于缺乏预防性手段，故对食品安全现存及可能出现的危险因素不能做出及时而迅速的控制。我们必须建立一套评价和降低食源性疾病暴发的新方法，同时加强对与食品有关的化学、微生物及新的食品相关技术等危险因素的评价，从而逐步建立我国自己的食品安全评价体系，并在实践中不断加以完善。以新技术的安全评价为例，基因工程和辐照等高新技术在食品生产领域的引进，也对食品安全提出了特殊的挑战。某些新技术虽然会提高农业生产量，同时也可能使食品更安全，但若让广大消费者接受，必须对其应用和安全性进行评估，而且这种评估必须公开、透明，并采用国际上认可的方法。

《中华人民共和国食品安全法》明确规定国家要建立食品安全风险评估制度，对食品、食品添加剂中生物性、化学性和物理性危害进行风险评估。国务院卫生行政部门负责组织食品安全风险评估工作，成立由医学、农业、食品、营养等方面的专家组成的食品安全风险评估专家委员会进行食品安全风险评估。对农药、肥料、生长调节剂、兽药、饲料和饲料添加剂等的安全性进行评估，应当有食品安全风险评估专家委员会的专家参加。食品安全风险评估应当运用科学方法，根据食品安全风险监测信息、科学数据以及其他有关信息进行。

作为国家“十五”重大科技专项“食品安全关键技术”中的“进出口食品安全风险控制技术研究”课题通过了专家组的验收，这标志着中国已在进出口食品安全领域建立了食品安全风险分析系统。该项研究根据中国国情，首次在国内确定了中国进出口食品安全风险分析的一般性原则，建立了食品安全风险分析信息平台以及食品安全风险分析的理论体系；填补了中国进出口食品安全风险分析领域的空白，标志着中国食品安全风险分析从理论研究阶段进入了实践应用阶段。根据这项研究所确定的一般性原则，结合近年来中国进出口贸易中出现的热点问题和国际热点问题已在有关口岸开展了应用实践，如对酱油中氯丙醇，苹果汁中甲胺磷、乙酰甲胺磷残留，禽肉中氯霉素残留，冷冻加工水产品中金黄色葡萄球菌（及其肠毒素），油炸马铃薯食品中丙烯酰胺，水产品中金属异物的风险评估等，为进出口食品检验监管提供了极大便利，产生了良好的社会效益和经济效益，使进出口食品检验与监管工作步入更加科学化、规范化和标准化管理的新阶段。

第三章　食品中微生物的污染与控制

微生物（microorganism）是一类肉眼看不见或看不清的微小生物的总称。它们都是一些个体微小、构造简单的低等生物，包括属于原核类的细菌、放线菌、蓝细菌、支原体、立克次体和衣原体；属于真核类的真菌（酵母菌、霉菌和蕈菌）、原生动物和显微藻类以及属于非细胞类的病毒和亚病毒（类病毒、拟病毒和朊病毒）。

除少数无菌食品外，绝大多数的食品都含有一种或多种微生物。其中有些微生物被认为是安全的、食品级的，可以用来生产发酵食品或者食品配料。而另一些微生物则会引起食品变质，甚至引起食源性疾病，需要进行有效的检验和控制。

第一节　食品中的常见微生物

一、食品工业常用微生物

微生物种类繁多，有些微生物已经被验证是安全的、食用级的、对人体有益的，可以用来生产发酵食品或食品配料。常见的用于食品工业的微生物主要包括细菌、酵母和霉菌。

（一）食品工业常用的细菌

细菌是一类单细胞原核生物，根据形态可分为球菌、杆菌和螺旋菌。细菌在自然界中分布广泛，与食品行业关系密切。一方面，细菌是导致食品腐败和食源性疾病最常见的微生物；另一方面，食品行业中也时常利用细菌，例如乳酪、酸乳、泡菜等的制作，都与细菌有关。

食品工业常用的细菌包括乳杆菌属（*Lactobacillus*）、链球菌属（*Streptococcus*）、片球菌属（*Pediococcus*）、明串珠菌属（*Leuconostoc*）、双歧杆菌属

(*Bifidobaterim*)、短棒菌苗属（*Propionibacterium*）和醋酸杆菌属（*Acetobacter*）等。

1. 乳杆菌属

革兰阳性无芽孢杆菌，细胞形态多样，呈长形、细长状、弯曲形及短杆状，耐氧或微好氧，单个存在或呈链状排列，最适生长温度在30~40℃。产酸和耐酸能力强，最适pH为5.5~6.2，一般在pH为5.0或更低情况下能生长。分解糖的能力很强。常见的乳杆菌有干酪乳杆菌（*L. casei*）、嗜酸乳杆菌（*L. acidophilus*）、植物乳杆菌（*L. plantarum*）、瑞士乳杆菌（*L. helveticus*）、发酵乳杆菌（*L. fermentum*）、弯曲乳杆菌（*L. curvatus*）、米酒乳杆菌（*L. sake*）和保加利亚乳杆菌（*L. bulgaricus*）。它们广泛存在于牛乳、肉、鱼、果蔬制品及动植物发酵产品中。这些菌通常用来作为乳酸、干酪、酸乳等乳制品的生产发酵剂。植物乳杆菌常用于泡菜的发酵。

2. 链球菌属

革兰阳性球菌，细胞呈球形或卵圆形，细胞成对的链状排列，无芽孢，兼性厌氧，化能异养，营养要求复杂，属同型乳酸发酵，生长温度范围25~45℃，最适温度37℃。常见于人和动物口腔、上呼吸道、肠道等处。多数为有益菌，是生产发酵食品的有用菌种，如嗜热链球菌、乳链球菌、乳脂链球菌等可用于乳制品的发酵。但有些菌种是人畜的病原菌，如引起牛乳房炎的无乳链球菌，引起人类咽喉等病的溶血性链球菌。有些种也是引起食品腐败变质的细菌，如液化链球菌和粪链球菌（*Sc. faccalis*）可引起食品变质。

3. 片球菌属

革兰阳性球菌，成对或四联状排列，罕见单个细胞，不形成链状，不运动，不形成芽孢，兼性厌氧，同型发酵产生乳酸，最适生长温度25~40℃。它们普遍存在于发酵的蔬菜、乳制品和肉制品中，常用于泡菜、香肠等的发酵，也常引起啤酒等酒精饮料的变质。常见的有啤酒片球菌（*P. cerevisaae*）、乳酸片球菌（*P. acidilactici*）、戊糖片球菌（*P. pentosaceus*）、嗜盐片球菌（*P. halophilus*）等。

4. 明串珠菌属

革兰阳性球菌，菌体细胞呈圆形或卵圆形，菌体常排列成链状，不运动，不形成芽孢，兼性厌氧，最适生长温度为20~30℃，营养要求复杂，在乳中生长较弱而缓慢，加入可发酵性糖类和酵母汁能促进生长，属异型乳酸发酵。

多数为有益菌，常存在于水果、蔬菜和牛乳中。能在含高浓度糖的食品中生长，如噬橙明串珠菌（*L. citrovorum*）和戊糖明串珠菌（*L. dextranicus*）可作为制造乳制品的发酵菌剂。另外，戊糖明串珠菌和肠膜明串珠菌可用于生产葡萄糖酐，作为羧甲淀粉的主要成分，也可以作为泡菜等发酵菌剂。肠膜明串珠菌（*Leuc. mesenteroides*）等可利用蔗糖合成大量的荚膜（葡聚糖），增加酸乳的黏度。

5. 双歧杆菌属

革兰阳性、不规则无芽孢杆菌，呈多形态，如Y字形、V字形、弯曲状、棒状、勺状等。专性厌氧，营养要求苛刻，最适生长温度37~41℃，最适pH为6.5~7.0，在pH为4.5~5.0或pH为8.0~8.5不生长。主要存在于人和各种动物的肠道内。目前报道的已有32个种，其中常见的是长双歧杆菌、短双歧杆菌、两歧双歧杆菌、婴儿双歧杆菌及青春双歧杆菌。双歧杆菌具有多种生理功能，许多发酵乳制品及一些保健饮料中常常加入双歧杆菌以提高保健效果。

6. 短棒菌苗属

革兰阳性不规则无芽孢杆菌，有分支，有时呈球状，兼性厌氧。能使葡萄糖发酵产生丙酸、乙酸和气体。最适生长温度30~37℃。主要存在于乳酪、乳制品和人的皮肤上，参与乳酪成熟，常使乳酪产生特殊香味和气孔。

7. 醋酸杆菌属

需氧杆菌，幼龄菌为革兰阴性杆菌，老龄菌革兰染色后常为革兰阳性，单个、成对或链状排列，无芽孢，有鞭毛，为专性需氧菌。最适温度30~35℃。该菌生长的最佳碳源为乙醇、甘油和乳酸，有些菌株能合成纤维素。主要分布在花、果实、葡萄酒、啤酒、苹果汁、醋和园土等环境。该属菌有较强的氧化能力，能将乙醇氧化为醋酸，并可将醋酸和乳酸氧化成二氧化碳和水，对食醋的生产和醋酸工业有利，是食醋、葡萄糖酸和维生素C的重要工业菌。

（二）食品工业常用的酵母

酵母是一种单细胞的真核微生物，其细胞通常为椭圆形、球形或卵圆形，大小为（5~30）μm×（2~10）μm。酵母细胞有天然丰富的营养体系，在食品行业有着广泛的应用。

食品工业常用的酵母包括酵母属（*Saccharomyces*）、毕赤酵母属

(*Pichia*)、汉逊酵母属（*Hansenula*)、假丝酵母属（*Candida*)。

1. 酵母属

本属酵母菌细胞为圆形、卵圆形，有的形成假菌丝，多数为出芽繁殖。有性生殖包括单倍体细胞的融合（质配和核配）和子囊孢子融合。大多数种发酵多种糖，只有糖化酵母一个种能发酵可溶性淀粉。本属酵母菌可引起水果、蔬菜发酵。食品工业上常用的酿酒酵母多来自本属，如啤酒酵母、果酒酵母、卡尔酵母等。

2. 毕赤酵母属

本属酵母细胞为筒形，可形成假菌丝、子囊孢子。分解糖的能力弱，不产生酒精，能氧化酒精，能耐高浓度的酒精，常使酒类和酱油产生变质并形成浮膜，如粉状毕赤酵母菌。毕赤酵母目前是常用的基因工程蛋白表达工具，也可用作单细胞蛋白的生产。

3. 汉逊酵母属

本属酵母细胞为球形、卵形、圆柱形，常形成假菌丝，孢子为帽子形或球形。对糖有强的发酵作用，主要产物不是酒精而是酯，常用于食品增香。

4. 假丝酵母属

细胞为球形或圆筒形，有时细胞连接成假菌丝状。多端出芽或分裂繁殖，对糖有强的分解作用，一些菌种能氧化有机酸。该属酵母富含蛋白质和B族维生素，常被用作食用或饲料用单细胞蛋白及维生素B的生产。

（三）食品工业常用的霉菌

霉菌是丝状真菌的俗称。菌体呈细丝状，有的有隔膜，有的无隔膜。霉菌在食品（如酱油的酿造、干酪的制造）及食品配料（如乳酸、淀粉酶、蛋白酶）的生产上的有广泛的应用。

食品工业常用的霉菌主要包括毛霉属（Mucor)、根霉属（Rhizopus)、曲霉属（Aspergillus）和木霉属（Trichoderma)。

1. 毛霉属

菌丝细胞无隔膜，单细胞组成，出现多核，菌丝呈分枝状。以孢子囊孢子（无性）和接合孢子（有性）繁殖。一般是菌丝发育成熟时，在顶端即产生出一个孢子囊，呈球形，孢子囊梗伸入孢子囊梗部分成为中轴，孢子为球形或椭圆形。大多数毛霉具有分解蛋白质的能力，同时也具有较强的糖化能力。因此在食品工业上，毛霉主要用来进行糖化和制作腐乳，也可用于淀粉酶的生产。

2. 根霉属

根霉形态结构与毛霉相似。菌丝分枝状，菌丝细胞内无横隔。在培养基上生长时，菌丝伸入培养基质内，长成分枝的假根，假根的作用是吸收营养。而连接假根，靠近培养基表面向横里匍匐生长的菌丝称为匍匐菌丝。从假根着生处向上丛生，直立的孢子梗不分枝，产生许多孢子，即孢子囊孢子。根霉能产生糖化酶，使淀粉转化为糖，是酿酒工业上常用的发酵菌。有些菌种也是甜酒酿、甾体激素、延胡索酸和酶制剂等物质制造的应用菌。

3. 曲霉属

菌丝呈黑、棕、黄、绿、红等多种颜色，菌丝有横膈膜，为多细胞菌丝，营养菌丝匍匐生长于培养基的表层，无假根。附着在培养基的匍匐菌丝分化出具有厚壁的足细胞。在足细胞上长出直立的分生孢子梗。孢子梗的顶端膨大成顶囊。在顶囊的周围有辐射状排列的次生小梗，小梗顶端产生一串分生孢子，不同菌种的孢子有不同的颜色，有性世代不常发生，分生孢子形状、颜色、大小是鉴定曲霉属的重要依据。曲霉具有分解有机质的能力，是发酵和食品加工行业的重要菌，传统发酵食品行业常用它制酱、酿酒、制醋。现代工业中常用作淀粉酶、蛋白酶、果胶酶的生产，也可作为糖化应用的菌种。

4. 木霉属

木霉可产生有性孢子（子囊孢子）和无性孢子（分生孢子）。这个属的霉菌能产生高活性的纤维素酶，故可用于纤维素酶的制备，有的种能合成核黄素，有的能产生抗生素。木霉可应用于纤维素制糖、淀粉加工、食品加工和饲料发酵等方面，如里氏木霉、白色木霉、绿色木霉等。

二、食品生产常见的污染微生物

微生物在自然界中分布广泛，有些对食品有益，但更多的微生物是食品腐败菌和食源性疾病病原体。污染食品引起食品变质的微生物主要有细菌、霉菌和酵母。

（一）食品污染的细菌

细菌在食品行业应用广泛，但同时一些细菌又是污染食品导致食品变质和食源性疾病的主要微生物。食品中常见的污染细菌有以下菌属。

1. 假单胞菌属（*Pseudomonas*）

假单胞菌属为需氧杆菌，直或稍弯曲杆状。革兰阴性，无芽孢，端生鞭毛，能运动，过氧化氢酶和氧化酶阳性，产能代谢方式为呼吸。营养要求简单，多数菌种能在不含维生素、氨基酸的合成培养基中良好生长。

假单胞菌在自然界中分布极为广泛，常见于水、土壤和各种动植物体中。假单胞菌能利用碳水化合物作为能源，能利用简单的含氮化合物。本属多数菌株具有强力分解脂肪和蛋白质的能力。它们污染食品后，若环境条件适合，可在食品表面迅速生长，一般能产生水溶性荧光色素，产生氧化产物和黏液，从而影响食品的风味、气味，引起食品的腐败变质。

假单胞菌属很多种能在低温条件下很好的生长，所以是导致冷藏食品腐败变质的主要腐败菌。如冷冻肉和熟肉制品的腐败变质，常常是由于该类菌的污染。但该属的多数菌对热、干燥抵抗力差，对辐照敏感。

该属主要包括：荧光假单胞菌，适宜生长温度为25～30℃，4℃能生长繁殖，能产生荧光色素和黏液，分解蛋白质和脂肪的能力强，常常引起冷藏肉类、乳及乳制品变质；铜绿假单胞菌，可产生扩散的荧光色素和绿脓菌素，该菌能引起人尿道感染和乳腺炎等；生黑色腐败假单胞菌，能在动物性食品上产生黑色素；菠萝软腐病假单胞菌，可使菠萝果实腐烂，被侵害的组织变黑并枯萎；恶臭假单胞菌，能产生扩散的荧光色素，有的菌株产生细菌素。

与食品腐败有关的菌种还有草莓假单胞菌、类黄假单胞菌、类蓝假单胞菌、腐臭假单胞菌、生孔假单胞菌、黏假单胞菌等。

2. 产碱杆菌属（*Alcaligenes*）

产碱杆菌属为革兰阴性菌，需氧杆菌。细胞呈杆状、球杆状或球状，通常单个存在，周身鞭毛，专性好氧。代谢方式为呼吸，氧化酶阳性。能产生黄色、棕黄色的色素。有些菌株能在硝酸盐或亚硝酸盐存在时进行厌氧呼吸。适宜温度20～37℃，为嗜冷菌。不能分解糖类产酸，但能利用各种有机酸和氨基酸为碳源，在培养基中生长能利用几种有机盐和酰胺产生碱性化合物。

产碱杆菌在自然界中分布极广，存在于原料乳、水、土壤、饲料和人畜的肠道内，是引起乳品和其他动物性食品产生黏性变质的主要菌，但不分解酪蛋白。

3. 黄色杆菌属（*Flavobacterium*）

该属微生物为革兰阴性杆菌，好氧，极生鞭毛，能运动。因可利用植物中的糖类产生脂溶性的黄、橙、黄绿色色素而著称。大多数来源于水和土壤，适宜在30℃生长。该属有些种为嗜冷菌，可低温生长，是重要的冷藏食品变质菌，在4℃低温下使乳与乳制品变黏和产酸。黄色杆菌可产生对热稳定的胞外酶，分解蛋白质能力强，常引起多种食品，如乳、禽、鱼、蛋等腐败变质。

4. 无色杆菌属（*Achromobacter*）

无色杆菌在琼脂平板上培养2d后可见其菌落呈早圆形，轻微隆起，淡黄色，湿润，半透明，边缘整齐，光滑。革兰染色为阴性，杆状，无芽孢，能液化明胶，不还原硝酸盐，能运动。该属菌常分布于水和土壤中，多数能分解糖和其他物质，产酸不产气，是肉类产品的腐败菌，可使禽、肉和海产品等食品变质发黏。

5. 盐杆菌属（*Halobacterium*）

菌落圆形，凸起，完整，半透明。氧化酶和接触酶阳性。通常不液化明胶。在30~50℃生长良好。pH的生长范围为5.5~8.0。革兰阴性、需氧杆菌，对高渗具有很强的耐受力，可在高盐环境中（35g/L至饱和溶液中）生长。低盐可使细菌由杆状变为球状。该属菌可在咸肉和盐渍食品上生长，引起食品变质。

6. 脱硫杆菌属（*Desulfotomaculum*）

革兰染色阴性杆菌。细胞中等大小，可运动，嗜热，严格厌氧，产生硫化氢。内生芽孢呈椭圆形，有抗热性。存在于土壤中，是罐头类食品变质的重要腐败菌。

7. 埃希杆菌属（*Escherichia*）

该属包括5个种，其中大肠埃希杆菌（简称大肠杆菌）是代表种。该属为革兰阴性杆菌，单个存在，周身鞭毛，无芽孢，少数菌有荚膜，属于兼性厌氧菌。

本属微生物对营养要求不严格，在普通营养琼脂上形成扁平、光滑湿润、灰白色、半透明、圆形、中等大小的菌落。在伊红美蓝（EMB）培养基上形成紫色具金属光泽的菌落。发酵乳糖产酸产气，能在含胆盐培养基上生长。最适温度37℃，能适应生长的pH为4.3~9.5，最适pH为7.2~7.4。不耐热，巴氏杀菌可杀死。自然条件下耐干燥，存活力强。但对寒冷抵抗力弱，特别是在冰冻食品中易死亡。大肠杆菌是人和动物肠道正常菌群之一，多数在肠道内无致病性，极少数可产生肠毒素、肠细胞出血毒素等致病因子，引起食物中毒。

此外，该菌多数有组氨酸脱羧酶，在食品中生长可产生组胺，引起过敏性食物中毒。大肠杆菌是食品中常见的腐败菌，在食品中生长产生特殊的粪臭素。另外大肠杆菌作为大肠菌群的主要成员，是食品和饮用水被粪便污染的指示菌之一。

8. 肠杆菌属（*Enterobacter*）

为革兰阴性无芽孢、短直杆菌，周身鞭毛。兼性厌氧，发酵葡萄糖或乳糖产气能力强，主要存在于植物、谷物表面、水及食品中。是大肠菌群成员（大肠菌群包括肠杆菌属、柠檬酸杆菌属、克雷伯菌属），作为粪便污染指示菌。

该属菌有的是条件致病菌，可从尿液、痰、呼吸道等分离，常引起人肠道感染。有一部分低温菌株可引起冷藏食品的腐败。常见的有产气肠杆菌（*E. aerogenes*）、阴沟肠杆菌（*E. cloacae*）等。

9. 沙门菌属（*Salmonella*）

沙门菌为革兰阴性、无芽孢、两端钝圆的短杆菌，菌体周生鞭毛，无荚膜，兼性厌氧，最适生长温度 35～37℃，最适 pH 为 7. 2～7. 4。该属菌能发酵葡萄糖产酸产气，不分解乳糖，产生硫化氢。根据细胞表面抗原和鞭毛抗原的不同，分为 2000 多个血清型。不同血清型的致病力及浸染对象不尽相同，有些对人致病，有些对动物致病，也有些对人和动物都致病。主要引起人类伤寒、副伤寒以及食物中毒或败血症。

该属菌广泛分布在土壤、水、污水、动物体表、加工设备、饲料、食品等中，为人类重要的肠道病原菌，常污染鱼、肉、禽、蛋、乳等食品，特别是肉类，能引起肠道传染病和食物中毒，是引起食物中毒的最常见病原菌。

10. 志贺菌属（*Shigella*）

革兰阴性菌，短直、短杆状，无鞭毛、无芽孢，兼性厌氧菌。菌落中等大小、半透明、光滑。多数不分解乳糖。根据生化和血清型反应分为 4 个血清群，其中痢疾志贺菌（*S. dysenteriae*）污染食品经口进入人体后可导致典型的细菌性痢疾。

11. 变形杆菌属（*Proteus*）

革兰阴性、两端钝圆的短杆状菌。表现为多形态，幼龄呈丝状或弯曲状，周生鞭毛，运动活泼，兼性厌氧菌。对营养要求不高，有强力分解蛋白质能力。分布于泥土、水、动物和人类粪便中，是肉和蛋类食品的重要腐败菌，且可以引起人类食物中毒。

12. 弧菌属（*Vibrio*）

革兰阴性，兼性厌氧杆菌，细胞呈弧状或直杆状，单生鞭毛，不形成芽孢。氧化酶阳性，发酵糖类产酸、产气，不产生水溶性色素。一些菌株适于在高盐中生长，个别能耐受23%食盐浓度。

该属菌主要分布在淡水、海水、贝类体表和肠道、浮游生物、腌肉及盐渍食品中，有较高的检出率。海产动物死亡后，在低温或中温保藏时，该属细菌可在其中增殖引起腐败。该属中的霍乱弧菌（*V. cholerae*）和副溶血性弧菌（*V. parahaemolytacus*）是两个重要的食源性病原菌，前者引起人霍乱病，后者引起食物中毒。

13. 李斯特菌属（*Listeria*）

革兰染色阳性，不产芽孢。短杆菌，单生或呈短链状，可运动。兼性厌氧。1℃能生长。广泛分布于环境中，能从多种不同类型食品分离获得。该菌属引起食物中毒的主要是单核细胞增生李斯特菌（*L. monocytogenes*）。

14. 弯曲杆菌属（*Campylobacter*）

革兰阴性，需氧菌。细胞螺旋状，可运动。存在于人体及动物的肠胃中，嗜温。该属的两个种空肠弯曲杆菌（*C. jejuni*）和大肠弯曲杆菌（*C. coli*）都是重要的食源性病原菌。

15. 芽孢杆菌属（*Bacillus*）

革兰染色阳性，杆菌，好氧。单个存在，成对或短链排列。多数有鞭毛。能产生芽孢，芽孢直径小于菌体宽度。接触酶阳性，发酵葡萄糖产酸不产气，对不良环境抵抗力强。

在自然界中分布很广，在土壤、植物、腐殖质、食品及空气中最为常见。该属细菌中的炭疽芽孢杆菌（*B. anthracis*）是毒性很大的病原菌，能引起人类和牲畜患炭疽病。蜡样芽孢杆菌（*B. creeus*）污染食品可引起食品变质并可引起食物中毒。枯草芽孢杆菌、蕈状芽孢杆菌、凝结芽孢杆菌及嗜热脂肪芽孢杆菌等是食品的常见腐败菌，污染食品也引起食物变质。但它们产生蛋白酶的能力强，可作为生产蛋白酶的产生菌。

16. 梭菌属（*Clostridium*）

革兰阳性，厌氧或微需氧杆菌，产生芽孢且多数芽孢直径大于菌体宽度，芽孢多呈球形，使菌体呈梭状。多数有鞭毛。接触酶阴性，发酵碳水化合物产生有机酸、醇、气体，分解氨基酸产生硫化氢、粪臭素、硫醇等恶臭成分。对不良环境有极强的抵抗力，可耐受 25～65g/L NaCl 浓度的渗透压，对亚硝酸钠和氯敏感。

主要分布在土壤、下水污泥、海水沉淀物、腐败植物和哺乳动物肠道内，为食品重要变质菌之一。其中产气荚膜梭菌（*C. perfrigens*）和肉毒梭状芽孢杆菌（*C. botulinum*）是重要的食源性病原菌。尤其肉毒梭状芽孢杆菌能产生很强的肉毒毒素，是肉类罐头中最重要的病原菌。而解糖嗜热梭状芽孢杆菌是分解糖类的专性嗜热菌，常引起蔬菜、水果、罐头等食品的产气性变质。腐败梭状芽孢杆菌能引起蛋白质性食品发生变质。

17. 耶尔森菌属（*Yersinia*）

革兰阴性，厌氧菌。小杆状，可运动或不运动。无芽孢，1℃可生长。常存在于动物肠道内容物中。该属的小肠结肠耶尔森菌（*Y. enterocolitica*）可引发食源性疾病。

18. 微球菌属（*Micrococcus*）

为革兰阳性，好氧球菌，不运动，接触酶和氧化酶阳性。单生、双生或四联球状排列，有的连接成立方堆团或不规则的簇群。菌落常为圆形、凸起、光滑，某些菌株可形成粗糙菌落。对干燥和高渗有较强抵抗力，可在 50g/LNaCl 环境中生长，最适生长温度为 25～37℃。

该属微生物在自然界中分布很广，如土壤、水、灰尘、人和动物体表及许多食品中都有存在。某些菌株能产生黄、橙或红色素，如黄色小球菌（*Mc. Flavus*）产生黄色素，玫瑰小球菌（*Mc. Roseus*）产生粉红色色素。这些菌生长后能使食品变色，引起肉类、鱼类、水产品、豆制品等腐败。此外，有些菌能在低温环境下生长，可引起冷藏食品腐败变质。

19. 葡萄球菌属（*Staphylococcus*）

革兰染色阳性，兼性厌氧，球菌。以多个平面分裂，单个、成对以及不规则的葡萄状排列。菌落凸起、光滑、闪光奶油状，不透明，可产生金黄色、柠檬色、白色等非水溶性色素。该属具有很强的耐高渗透压能力，可在

7.5%~15% NaCl 环境中生长。

葡萄球菌在自然界中分布很广，如空气、水和不洁净容器、工具，人及动物体表都能存在。其中与食品关系最为密切的是金黄色葡萄球菌（*S. aureus*），该菌除了具有上述特征外，还能发酵葡萄糖、分解甘露醇等，卵磷脂酶阳性，可产生肠毒素及血浆凝固酶等，是引起人类食物中毒的常见微生物。

金黄色葡萄球菌是葡萄球菌属中的一个种，可引起皮肤组织炎症，还能产生肠毒素。如果在食品中大量生长繁殖产生毒素，人误食了含有毒素的食品，就会发生食物中毒，故食品中存在金黄色葡萄球菌对人的健康是一种潜在危险。

20. 肠球菌属（*Enterococcus*）

革兰染色阳性，细胞呈球形，成对或呈链状，不运动，兼性厌氧菌。有些菌在低热（巴氏消毒）条件下能生长，嗜温。一般存在于自然界、人体和动物肠道内容物及环境中，是重要的食品腐败菌。常见的种有粪肠球菌（*E. faecalis*）。

21. 八叠球菌属（*Sarcina*）

革兰染色阳性，细胞球形。通常以 8 个或更多堆叠，不运动。分解糖类，产酸产气。兼性厌氧。存在于土壤、植物及动物粪便中。常引起植物食品的腐败。常见的有最大八叠球菌。

（二）食品污染的霉菌

霉菌在自然界中分布极广，特别是在阴暗、潮湿和温度较高的环境，更有利于它们的生长。由于霉菌的营养来源主要是糖、少量的氮和无机盐，因此，极易在粮食、水果和各种食品上生长，使食品失去原有的色、香、味、体，甚至完全丧失食用价值，造成经济上的巨大损失。有些霉菌还产生真菌毒素，引起急性食物中毒；有些真菌毒素具有致癌性或致突变性，引发器官病变，给人类带来灾难。

污染食品导致食品腐败变质或引起食源性疾病的霉菌主要有以下属。

1. 曲霉属（*Aspergillus*）

曲霉属在食品行业应用广泛，是发酵和食品加工行业的重要微生物菌种。但食品该属霉菌污染后也可引起多种食品发生霉变。如有的曲霉适应干旱环境，能在谷物上生长引起霉腐，也会导致如果酱、腌火腿、坚果和果蔬的腐败变质。此外，曲霉属中的某些种或株还可产生毒素（如黄曲霉产生的黄曲霉毒素），引起人类食物中毒。

2. 根霉属（*Rhizopus*）

根霉是酿造行业常用菌，但同时根霉也可引起粮食、果蔬及其制品的霉变，如米根霉、华根霉和葡枝根霉都是常见的食品污染菌。

3. 毛霉属（*Mucor*）

毛霉分布广泛，多数具有分解蛋白质的能力，同时也具有较强的糖化能力。毛霉污染到果实、果酱、蔬菜、糕点、乳制品、肉类等食品，条件适宜的情况下生长繁殖可导致食品发生腐败变质，常见的有鲁氏毛霉。

4. 青霉属（*Pericillium*）

本属霉菌菌丝分枝状，有横隔，可发育成有横隔的分生孢子梗。顶端不膨大，为轮生分枝，形成帚状体。帚状体不同部位分枝处的小梗顶端能产生成串的分生孢子。青霉能生长在各种食品上而引起食品的变质。某些青霉还可产生毒素（如展青霉可产生棒曲霉素），引起人类及动物中毒。

5. 镰刀霉属（*Fusarium*）

菌丝有隔，分枝。分生孢子梗分枝或不分枝。分生孢子有两种形态，小型分生孢子卵圆形至柱形，有 1~2 个隔膜；大型分生孢子镰刀形或长柱形，有较多的横隔。广泛地分布在土壤和有机体内，可引起谷物和果蔬霉变，有些是植物病原菌。该属微生物可产生多种毒素，如玉米赤霉烯酮、单端孢霉毒素、串珠镰刀菌素和伏马菌素等，引起人及动物中毒。

6. 木霉属（*Trichoderma*）

木霉菌落初始时为白色，致密，圆形，向四周扩展，后从菌落中央产生有色分生孢子。常常造成谷物、水果、蔬菜等食品的霉变，同时可以使木材、皮革及其他纤维性物品等发生霉烂。

7. 分枝孢属（*Cladosporium*）

常出现在冷藏肉中，在肉上生长形成白斑，如肉色分枝孢。

8. 高链孢霉属（*Alternaria* sp.）

菌丝有隔膜，分生孢子梗顶端形成链状的分生孢子。广泛分布于土壤、有机物、食品和空气中，有些是植物的病原菌，有些可以引起果蔬类食品的腐败变质，如互隔交链孢霉。

9. 葡萄孢属（*Botrytis*）

菌丝分枝有隔膜，分生孢子梗上形成簇生的分生孢子，如一串葡萄，常分布于土壤、谷物、有机残体及食草性动物类的消化道中。是植物的病原菌，可引起水果败坏，常见的有灰色葡萄孢霉。

10. 链孢霉属（*Neurospora*）

链孢霉属也叫脉孢菌属。菌丝细胞为分枝的有隔分生孢子，菌体本身含有丰富的蛋白质和胡萝卜素，可引起面包的红色霉变，如谷物链孢霉。

11. 地霉属（*Geotrichum*）

酵母状霉菌，有时作为酵母细胞，菌丝分隔，菌丝断裂形成孢子，为裂生孢子。多存在于泡菜、动物粪便、有机肥料、腐烂的果蔬及其他植物残体中。本菌可引起果蔬霉烂。

（三）食品污染的酵母菌

酵母利用物质的能力相比细菌和霉菌要弱。多数酵母生活在含糖量高的或含一定盐分的食品上，但一般不利用淀粉。大多数酵母具有利用有机酸的能力，但分解蛋白质、脂肪的能力很弱。一方面，酵母是食品工业中重要的发酵菌；另一方面，一定条件下也会导致食品变质。常见的导致食品变质的酵母菌属如下。

1. 酵母属（*Saccharomyces*）

本属酵母菌中的鲁氏酵母菌、蜂蜜酵母菌等可以在含高浓度糖的基质中生长，因而可引起高糖食品（如果酱、果脯）的变质。同时也能抵抗高浓度的食盐溶液，如生长在酱油中，可在酱油表面生成灰白色粉状的皮膜，时间长后皮膜增厚变成黄褐色，是引起食品败坏的有害酵母菌。

2. 毕赤酵母属（*Pichia*）

本属酵母细胞为筒形，可形成假菌丝，孢子为球形或帽子形。分解糖的能力弱，不产生酒精，能氧化酒精；能耐高浓度的酒精，常使酒类和酱油产生变质并形成浮膜。

3. 汉逊酵母属（*Hansenula*）

本属酵母对糖有很强的发酵作用，在液体中繁殖，可产生浮膜，如异常汉逊酵母（*Hanomala*）是酒类的污染菌，常在酒的表面生成白色干燥的菌醭。

4. 假丝酵母属（*Candida*）

细胞为球形或圆筒形，有时细胞连接成假菌丝状。借多端出芽和分裂而繁殖，对糖有强的分解作用，一些菌种能氧化有机酸。在液体中常形成浮膜，如浮膜假丝酵母（C. mycoderma）存在于多种食品中。新鲜的和腌制过的肉发生的一种类似人造黄油的酸败就是由该属的酵母菌引起的。

5. 赤酵母属（*Rhodoturula*）

细胞为球形、卵圆形、圆筒形，借多端出芽繁殖，菌落特别黏稠，该属酵母菌积聚脂肪能力较强，细胞内脂肪含量高达干物质的60%，故也称脂肪酵母。该属有产生色素的能力，常产生赤色、橙色、灰黄色色素。代表品种有黏红酵母（*R. glutinis*）、胶红酵母（*R. mucilahinosa*）。它们在食品上生长，可形成赤色斑点。

6. 球拟酵母属（*Torulopsis*）

本属酵母细胞呈球形、卵形、椭圆形，多端出芽繁殖。对多数糖有分解能力，具有耐受高浓度的糖和盐的特性。如杆状球拟酵母（*T. bacillaris*）能在果脯、果酱和甜炼乳中生长。另外该属酵母菌还常出现在冰冻食品中（如乳制品、鱼贝类），导致食品腐败变质。

7. 接合酵母属（*Zygosaccharomyces*）

该属的酵母常引起低酸、低盐、低糖食品的腐败，有些可引起高酸性食品的腐败，如酱油、番茄酱、腌菜、蛋黄酱等。该属的一些种还可导致葡萄酒的质量下降，甚至变质。

第二节　食品被微生物污染的危害

食品受到微生物污染后，一定条件下微生物可在食品中生长繁殖，有的还会产生毒素。微生物的生长繁殖会使食品营养成分遭到破坏，食品原有的色、香、味发生改变，使食品的质量降低或完全不能食用。另外，当食品中的微生物生长繁殖到一定程度或者蓄积一定量毒素时，还会导致食源性疾病的产生，危害人们的身体健康，甚至危及生命安全。

一、微生物导致食品腐败变质

食品受到外界有害因素的污染以后，食品原有的色、香、味和营养成分发生了从量变到质变的变化，使食品的质量降低或完全不能食用，这个过程称为食品腐败变质。食品腐败的因素包括物理因素、化学因素及生物因素，其中微生物是导致食品变质的主要因素。

食品变质包括食品感观性状、营养价值和安全性的各种变化，因此食品腐败变质的鉴别可通过感官鉴定、化学鉴定（检验挥发性盐基总氮、三甲胺、组胺）、pH 的变化（包括 pH 或酸碱度的测定）以及微生物检验鉴别。对食品进行微生物测定，不仅可以获悉食品被微生物污染的程度，食品是否变质以及食品的一般卫生状况，同时也是判定食品卫生质量的一项重要依据。

（一）引起食品变质的微生物

引起食品变质的微生物种类很多，归纳起来主要有细菌、霉菌和酵母菌三大类。但大多数情况下，细菌是引起食品变质的主要原因。细菌会分解食品中的蛋白质和氨基酸，产生臭味或其他异味，甚至伴随有毒物质的产生，细菌引起的变质一般表现为食品的腐败。

（二）各类食品的腐败变质

1. 蛋白质类食品腐败

微生物导致食品的腐败变质过程实质是食品中蛋白质、碳水化合物、脂肪等被污染微生物（包括微生物所产生的酶）分解代谢的过程。

富含蛋白质的肉、鱼、禽蛋和乳制品、豆制品腐败变质的主要特征为蛋白质分解，蛋白质在微生物分泌的蛋白酶和肽链内切酶等的作用下首先水解成多肽，进而裂解形成氨基酸。氨基酸通过脱羧基、脱氨基、脱硫等作用进一步分解成相应的氨、胺类、有机酸和各种碳氢化合物，食品即产生异味，表现出腐败特征。

导致蛋白质类食品腐败的主要原因为细菌，其次是霉菌，能分解蛋白质的酵母菌较少。

（1）肉类腐败。肉类鲜度变化分为僵直、后熟、自溶、腐败四个阶段。自溶现象的出现标志着腐败的开始，肉类的自溶过程主要是微生物及组织蛋白酶的作用而导致蛋白质的分解，产生硫化氢等物质。此时通过感官检查会发现肉类的弹性变差、组织疏松、表面潮湿发黏、色泽较暗。腐败阶段是自溶过程的继续，微生物数量可达 100cfu/cm^2。

肉类腐败微生物的主要来源：①健康牲畜在屠宰、加工、运输、销售等环节中被微生物污染；②宰前污染，即病畜在生前体弱时，病原微生物在牲畜抵抗力低下的情况下，蔓延至全身各组织；③宰后污染，即牲畜疲劳过度，宰后肉的熟力不强，产酸少，难以抑制细菌的繁殖，导致腐败变质。

（2）鱼类腐败。新鲜的鱼类是营养丰富、味道鲜美的水产食品。而鱼类腐败变质后组织疏松，无光泽，且由于组织分解产生的吲哚、硫醇、氨、硫化氢、粪臭素、三甲胺等，而常伴有难闻恶臭。

由于鱼类生活的水域中存在有大量微生物。鱼体本身含有丰富的蛋白质，如将新鲜鱼类放置在常温下，鱼体体表、鳃部、食道等部位带有的细菌会逐渐增殖并侵入肌肉组织，使鱼体腐败自溶之后进入腐败阶段。腌鱼由于嗜盐细菌的生长而有橙色出现。冻鱼的腐败主要由嗜冷菌引起。

鱼类污染并导致腐败的微生物主要是细菌，包括假单胞菌、无色杆菌、黄杆菌、产碱杆菌、气单胞菌等。

（3）鲜蛋的腐败。新鲜的禽蛋中含有丰富的水分、蛋白质、脂肪、无机盐和维生素，是微生物天然的“培养基”，因此，微生物侵入蛋内后，在适宜的环境条件下就能大量繁殖，分解营养物质，使蛋类出现腐败变质。鲜蛋的腐败变质分为细菌性和霉菌性两类。细菌引起的蛋类腐败常表现为蛋白出现不正常的色泽（一般多为灰绿色），并产生硫化氢具有强烈的刺激性和臭味。霉菌性的腐败变质则是蛋中常出现褐色或其他颜色的丝状物，霉菌最初主要生长在蛋壳表面，通常肉眼可以看到，菌丝由气孔进入蛋内存在于内蛋壳膜上，并在靠近气室处迅速繁殖，形成稠密分支的菌丝体，然后破坏蛋白膜而进入蛋内形成小霉斑点，霉菌菌落扩大而连成片，通常表现为粘连蛋。霉菌造成的腐败变质，具有一种特有的霉气味以及其他的酸败气味。

蛋类的腐败细菌中，分解蛋白质的微生物主要有梭状芽孢杆菌、变形杆菌、假单胞杆菌属、液化链球菌等和肠道菌科的各种细菌；分解脂肪的微生物主要有荧光假单胞菌、产碱杆菌、沙门菌属等；分解糖的微生物有大肠杆菌、枯草芽孢杆菌和丁酸梭状芽孢杆菌属等。

（4）牛乳的腐败。变质鲜乳的腐败变质主要表现为鲜乳 pH 降低，变酸，蛋白凝固出现“奶豆腐”现象。牛乳腐败微生物主要有荧光假单胞菌（胞外蛋白酶、脂肪酶）、芽孢杆菌、梭菌、棒状杆菌、节杆菌、乳酸杆菌、微杆菌、微球菌、链球菌。鲜乳的自然酸败主要由乳链球菌引起。

牛乳中可能存在的病原微生物有结核病、布氏杆菌、蜡样芽孢杆菌、单核细胞李斯特菌、沙门菌、空肠弯曲菌、梭状芽孢杆菌。另外还可能有曲霉、青霉、镰刀霉等。

2. 富含碳水化合物食品的腐败变质

富含碳水化合物的食品主要是粮食、蔬菜、水果和糖类及其制品。该类食品腐败的过程实质是食品成分在微生物及动植物组织各种酶的作用下，被分解成单糖、醇、醛、酮、羧酸及二氧化碳和水等物质。碳水化合物含量高的食品腐败主要表现为酸度升高产气，产生“馊味”、甜味或醇味；粮食类出现霉变；果蔬类软化腐烂。

（1）粮食的霉变。微生物在粮食上生长繁殖，使粮食发生一系列的生物化学变化，造成粮食品质变劣的现象称为粮食霉变。霉变的发展过程包括初发阶段，升温、生霉阶段，高温、霉烂阶段。粮食中的霉菌生长繁殖，分解利用粮粒中的营养成分，进行旺盛的代谢作用，产生大量的代谢产物和热量，造成粮堆或其局部温度不正常升高，使粮食迅速劣变。

导致粮食霉变的微生物主要是霉菌，最常见的有曲霉属和青霉属（表 3-1）。该类微生物通常会产生真菌毒素，长期或一次性大量摄入会导致急性食物中毒或对人体产生慢性侵害，或致癌、致畸变性等危害。

（2）果蔬及其制品的腐败。变质水果蔬菜的主要成分是碳水化合物和水，适合微生物的生长繁殖，容易发生腐败变质。果蔬腐败变质主要表现为颜色变暗，有时形成斑点，组织软化变形，并产生各种气味。

果蔬的 pH 一般偏酸性，因此果蔬腐败微生物大多为嗜酸性微生物，主要是霉菌、酵母和少数细菌（表 3-1）。腐败菌的来源则主要是果蔬收获前后或贮存运输过程中的接触、污染。

表 3-1 粮食及果蔬食品的腐败微生物

植物性食品	主要腐败菌
谷物类	青霉属、曲霉属、镰刀霉属
豆类、坚果和油料种子	曲霉属、青霉属、拟青霉属、根霉属
水果	酵母、扩展青霉、灰色葡萄孢霉、青霉
蔬菜	假单胞菌属

3. 脂肪类食品的变质

脂肪类食品的腐败变质主要表现为会产生特殊的酸败气味。其腐败过程为脂肪先在微生物酶的作用下降解为甘油和脂肪酸，脂肪酸进一步分解生成过氧化物和氧化物，随之产生具有特殊刺激气味的酮和醛等酸败产物，即所谓“哈喇味”。因此，鉴定油脂的酸价和过氧化值，是油脂酸败的判定指标。

引起脂肪类食品腐败变质的微生物一般为细菌、霉菌和少数酵母。霉菌比细菌多，酵母菌能分解脂肪的不多（解脂假丝酵母）。

二、微生物导致食源性疾病

（一）微生物导致食源性疾病的现状及危害

1. 微生物导致食源性疾病的现状

食源性疾病是指通过摄食而进入人体的有毒有害物质（包括生物性病原体）而引起的一类疾病，通常具有感染或中毒性质。食源性疾病的发病率居各类疾病总发病率的前列，是当前世界上最突出的卫生问题。

食源性疾病包括：①食物中毒：指食用了被有毒有害物质污染或含有有毒有害物质的食品后出现的急性、亚急性疾病；②与食物有关的变态反应性疾病；③经食品感染的肠道传染病（如痢疾）、人畜共患病（口蹄疫）、寄生虫病（旋毛虫病）等；④因一次大量或长期少量摄入某些有毒有害物质而引起的以慢性毒害为主要特征的疾病（如致畸变、致癌变）。

食源性疾病按致病因素可分为细菌性、病毒性、寄生虫性、化学性、真菌毒素、有毒动植物六大类，其中细菌性、病毒性和真菌毒素都可认为是微生物导致的食源性疾病。

我国卫生部门对食品中毒情况进行分析发现，2008—2015 年，我国由微生物引起的食物中毒占所有食物中毒原因的 60%以上，远高于其他原因引起的食物中毒（表 3-2）。和发达国家不同，我国食物中毒事件主要发生在集体食堂、家庭、餐饮服务单位，到目前为止，几乎没有因为工业化的食品而导致某种致病菌引起大规模的中毒。不过，随着工业化食品更多地走上我们的餐桌，这种风险会加大，需要做好预防性管理。

另外，需要强调的是，世界范围内食源性疾病的漏报严重。在我国，食源性疾病报告和监测体系都不健全，主要食品中生物性危害因素的监测和重要食品中生物性危害的风险评估体系也亟待完善。

表 3-2 2008—2015 年食物中毒原因分析

致病因素	数量	占比/%	中毒人数	占比/%	死亡人数	占比/%
微生物性	621	38.9	36117	62.0	76	7.4
化学性	218	13.6	4183	7.2	244	23.9
有毒动植物及毒蘑菇	549	34.4	9089	15.6	648	63.3
其他	209	13.1	8846	15.2	55	5.4
合计	1597	100	58235	100	1023	100

2. 细菌导致的食源性疾病的危害

细菌导致的食源性疾病主要包括食物中毒、肠道传染病及人畜共患病，其中食物中毒最常见。

食物中毒的概念：一般认为，凡是由于摄入了各种被有毒有害物质污染的或含有有毒有害物质的食品而引起的，急性或亚急性为主的疾病，统称为食物中毒。

食物中毒的特点：①潜伏期短，进食后 0.5~24h 发病，来势急剧，短时间内可能有大量病人同时发病；②与食物有密切的关系，所有病人都食用过同一种食物；③所有病人都有急性胃肠炎的相同或相似的症状；④人与人之间没有直接传染，当停食该种食物后，症状即可控制。

食物中毒按病原分类有 4 种类型：细菌性食物中毒；真菌性食物中毒；化学性食物中毒；有毒动植物性食物中毒。在各种食物中毒中，细菌性食物中毒最为常见。

细菌性食物中毒指因摄入含有细菌的有毒食品而引起的急性或亚急性疾病。据统计，我国每年发生的细菌性食物中毒人数占食物中毒总人数的 30%~90%。细菌性食物中毒有明显的季节性，多发生在夏秋两季（5~10 月份），患者一般都表现出明显的肠胃炎症状，常见为腹痛、腹泻、呕吐等。细菌性食物中毒发病率较高，但死亡率较低，一般愈后良好。

引起细菌性食物中毒的食物主要是动物性食品，如鱼、肉、乳、蛋类等及其制品。植物性食物（如剩饭、米粉）也会引起葡萄球菌肠毒素的中毒，豆制品、面类发酵食品也曾引起过肉毒素中毒。

细菌性食物中毒又可分为感染型食物中毒、毒素型食物中毒及过敏型食物中毒三类。当食用的食物内含有大量的病原菌，进入人体（通常是进入人体肠道）后，大量生长繁殖，从而引起的中毒称为感染型食物中毒，常由沙门菌、变形杆菌等引起。细菌在食物内生长繁殖，然后产生毒素，食用后引起的中毒称为毒素型食物中毒。毒素型食物中毒又包括体外毒素型和体内毒素型两种。体外毒素型指病原菌在食品内大量繁殖并产生毒素，如葡萄球菌肠毒素中毒、肉毒梭菌中毒；体内毒素型指病原菌随食品进入人体后产生毒素引起食物中毒，如产气荚膜梭状芽孢杆菌食物中毒、产肠毒素性大肠杆菌食物中毒等。过敏型食物中毒是由于食入细菌分解的组氨酸产生的组胺而引起的中毒。过敏型食物中毒一般须具备两个条件，一是食物中必须有组氨酸的存在，二是食品中存在能分解组氨酸产生组胺的细菌，如莫根变形杆菌。

目前，我国发生的细菌性食物中毒多见于沙门菌、变形杆菌、副溶血性弧菌、金黄色葡萄球菌、致病性大肠杆菌、肉毒梭菌等，近年来蜡样芽孢杆菌和李斯特菌中毒的发病频次也有增加（表 3-3）。

表 3-3　2008—2015 年微生物食物中毒频次分析

微生物	中毒频次/%	微生物	中毒频次/%
沙门菌	23	诺如病毒	1
金黄色葡萄球菌及其肠毒素	13	椰毒假单胞菌	2
副溶血弧菌	21	雷极普罗威登菌	1
志贺菌	4	弗氏柠檬酸杆菌	1
变形杆菌	3	枸橼酸杆菌	1
致泻性大肠杆菌	11	肉毒毒素	2
蜡样芽孢杆菌	17		

（二）细菌引起的食物食源性疾病

1. 沙门菌食物中毒

（1）沙门菌生物学特性。沙门菌属微生物为革兰阴性杆菌，周生鞭毛，无芽孢。需氧或兼性厌氧，最适生长温度为 35～37℃，最适 pH 为 6. 8～7. 8。能以柠檬酸盐为唯一碳源，多数能产气。沙门菌属微生物种类繁多，已发现 2000 多个种（或血清型）。多数不分解乳糖，能分解葡萄糖产酸、产气（伤寒沙门菌产酸不产气）。多数产生硫化氢，不产生靛基质，不液化明胶，不分解尿素，不产生乙酰甲基甲醇，多数能利用枸橼酸盐，能还原硝酸盐为亚硝酸盐，在氰化钾培养基上不生长。沙门菌热抵抗力很弱，60℃、30min 即被杀死，但在外界环境中能生活较久，如水中可生活 2~3 周，粪便中存活 1~2 个月，冰雪中存活 3~6 个月，牛乳和肉等食品中能存活几个月。

沙门菌按其传染范围有三个类群：①引起人类致病：如伤寒沙门菌，甲、乙、丙副伤寒沙门菌，它们是人类伤寒、副伤寒的病原菌，可引起肠热症；②引起动物致病：如绵羊流产沙门菌、牛流产沙门菌；③人、动物致病：如鼠伤寒沙门菌。沙门菌是细菌性食物中毒中最常见的致病菌。在世界各国各类细菌性的食物中毒中，沙门菌常居前列。因此，沙门菌检验是各国检验机构对多种进出口食品的必检项目之一。

（2）食物中毒症状及发生原因。沙门菌可引起感染型食物中毒。中毒症状有多种表现，一般可分为 5 种类型——胃肠炎型、类伤寒型、类霍乱型、类感冒型、败血症型，其中以胃肠炎型最为多见。中毒症状表现为呕吐、腹泻、腹腔疼痛等。活菌在肠内或血液内被破坏，放出内毒素可引起中枢神经中毒，出现头疼，体温升高，有时痉挛（抽搐），严重者昏迷，甚至导致死亡。一般来讲，本病的潜伏期平均为 6~12h，有时可长达 24h，潜伏期的长短与进食菌的数量有关。病程为 3~7d，本病死亡率较低，为 0~5%。

（3）中毒食品。主要是肉类食品。如病死牲畜肉、冷荤熟肉最多见，禽类、蛋类、鱼类、冷食等也有发生。由于沙门菌不分解蛋白质，通常无腐败臭味，因此贮存时间较长的熟肉制品即使没有明显腐败变质，也应加热后再吃。

（4）典型事件。沙门菌是细菌性食物中毒中最常见的致病菌。在世界各国各类细菌性的食物中毒中，沙门菌常居前列。1994 年美国冰淇淋污染引起沙门菌病暴发，涉及 22.4 万人。2010 年美国发生沙门菌感染，回收鸡蛋 5 亿枚以上。2012 年 6 月我国甘肃皋兰县办婚宴，导致沙门菌食物中毒，50 余人患病。

2. 金黄色葡萄球菌食物中毒

（1）金黄色葡萄球菌生物学特性。金黄色葡萄球菌为革兰阳性球菌，直径为 0.5~1.5μm，堆积为不规则的簇群；无鞭毛，无芽孢，不运动；大多数菌株能生长在 6.5~46℃（最适温度 30~37℃），能在 pH4.2~9.8 中生长（最适 pH7.2~7.4）；兼性厌氧菌，在好氧条件下生长最好；耐冷冻环境、耐盐，可在150g/L氯化钠和40%胆汁中生长。大多数菌株产生类胡萝卜素，使细胞团呈现出深橙色到浅黄色，色素的产生取决于生长的条件，而且在单个菌株中可能也有变化。金黄色葡萄球菌在适宜条件下，可产生多种毒素和酶（肠毒素、溶血毒素、杀白细胞毒素、凝固酶、耐热核酸酶、溶纤维蛋白酶、透明质酸酶等），故致病性强。通常在25~30℃，5h后即可产生肠毒素。

（2）食物中毒症状、发生原因。金黄色葡萄球菌的食物中毒属于毒素型食物中毒，其症状为急性胃肠炎。中毒症状表现为恶心呕吐，多次腹泻腹痛，吐比泻重，这是由于肠毒素进入人体消化道后被吸收进入血液，刺激中枢神经系统而导致的。一般疗程较短，1~2d即可恢复。经合理治疗后即可痊愈，死亡率较低，但儿童对金黄色葡萄球菌毒素较为敏感，应特别注意。

（3）中毒食品。适宜于金黄色葡萄球菌繁殖和产生肠毒素的食品主要有乳及乳制品，有时也会有淀粉类以及鱼、肉、蛋类等制品，尤其是剩饭菜、含乳糕点、冷饮食品多见，被污染的食物在室温20~22℃放置5h以上时，病菌大量繁殖，并产生肠毒素。金黄色葡萄球菌本身耐热性一般，在80℃加热30min可杀死。但其产生的肠毒素抗热力很强，120℃、20min不能使其破坏，必须经过218~248℃、30min才能使毒性完全消除。因此有时会发现产品并未检出该菌，但却发生了食物中毒事件（如乳粉），原因是菌体被杀死，但没有破坏其毒素。

（4）流行病学及中毒事件。近年来，美国疾病控制中心报告显示，由金黄色葡萄球菌引起的感染占第二位，仅次于大肠杆菌。金黄色葡萄球菌肠毒素是个世界性卫生问题，在美国，由金黄色葡萄球菌肠毒素引起的食物中毒占整个细菌性食物中毒的33%，加拿大则更多，占45%，我国每年发生的此类中毒事件也非常多。

2000年6月29日起，日本雪印公司乳粉、低脂肪牛乳、酸乳等3种牛乳制品被查出金黄色葡萄球菌毒素，造成1.5万名消费者中毒。原因是在北海道的乳粉生产工厂出现了停电，使生产线上的原料停留过久，所以出现了细菌超标。

3. 大肠杆菌食物中毒

（1）大肠杆菌生物学特性。大肠杆菌属革兰阴性两端钝圆的短杆菌，近似球形，周生鞭毛，能运动，无芽孢，有些能形成荚膜，好氧或兼性厌氧，最适生长温度为37℃，一般在60℃加热30min或煮沸数分钟可杀死。最适生长 pH 为 7.2~7.4。在伊红—美兰琼脂类平板上可形成紫黑色带有金属光泽的菌落。

大肠杆菌为肠道正常菌群，一般不致病，而且还能合成 B 族维生素和维生素 K，产生大肠菌素，对机体有利。但有些致病性大肠杆菌能产生内毒素和肠毒素引起食物中毒。致病性大肠杆菌和非致病性大肠杆菌在形态上和生物学特性上难以区分，只能根据抗原性不同来区分。大肠杆菌有三种抗原，即菌体抗原（O 抗原）、鞭毛抗原（H 抗原）和荚膜抗原（K 抗原）。荚膜抗原又分为 A、B、L 三类。一般有 K 抗原的菌株比没有 K 抗原的菌株毒力强，而致病性大肠杆菌的 K 抗原主要为 B 抗原，少数为 L 抗原。

（2）大肠杆菌食物中毒症状及原因。病原性大肠杆菌引起食物中毒的主要症状是急性胃肠炎，但较沙门菌轻。有呕吐、腹泻，大便呈水样便、软便或黏液便，重症有血便。腹泻次数每日达 10 次以内，常伴有发热、头痛等症状。病程较短，1~3d 即可恢复。潜伏期为 2~72h，一般 4~6h。

（3）中毒事件。1996 年日本芽菜大肠杆菌 O157 暴发，7470 人感染，约 100 人被诊断为溶血性尿毒综合征。2006 年美国菠菜事件，大肠杆菌 O157 疫情暴发，16%发生溶血性尿毒综合征。2011 年德国大肠杆菌 O104：H4 暴发，波及 16 个国家 4000 余病例。2013 年美国 15 个州暴发大肠杆菌 O121 疫情，至少 27 人感染发病。

4. 变形杆菌食物中毒

（1）变形杆菌生物学特性。变形杆菌属包括普通变形杆菌（*P. vulgaris*）、奇异变形杆菌（*P. mirabilis*）和产黏变形杆菌（*P. myxofaciens*），引起食物中毒的主要是前两种。变形杆菌为革兰阴性两端钝圆的小杆菌，无芽孢、无荚膜，周生鞭毛，能运动，有明显多形性，有线形和弯曲状，在培养基中菌落有迅速扩展蔓延的生长特点，故有变形杆菌之称。属于兼性厌氧细菌，但在缺氧条件下发育不良。

（2）中毒症状、原因及食品。变形杆菌可产生肠毒素，此毒素为蛋白质和碳水化合物的复合物，具抗原性。变形杆菌引起的食物中毒为急性胃肠炎症状，首先表现为腹痛，继而恶心、呕吐、腹泻、头痛、发热、全身无力等。变形杆菌食物中毒的潜伏期比较短，为 3~20h，一般为 3~5h，病程 1~3d，来势急，恢复快，死亡率低。

造成中毒的食品主要有肉类、蛋类、剩饭等。

5. 产气荚膜梭菌食物中毒

（1）产气荚膜梭菌生物学特性。产气荚膜梭菌又名魏氏杆菌，革兰阳性粗大芽孢杆菌。单独或成双排列，也有短链排列，端生芽孢，可形成荚膜，无鞭毛，专性厌氧。生长温度20~50℃，最适宜生长温度43~47℃，生长pH为5.5~8.0，在含有50g/L食盐基质中，生长受到抑制。魏氏杆菌芽孢体对热的抵抗力较强，能耐受100℃的温度1~4h。该菌能产生毒性强烈的外毒素，毒素由12种以上的成分构成。魏氏杆菌根据外毒素的性质和致病性的不同可分为A、B、D、C、E、F六型，其中A型和F型菌型是引起人类食物中毒的病原菌。

（2）食物中毒症状、原因及食品。魏氏杆菌A、F型是引起人类食物中毒的病原菌。A型引起食物中毒时，潜伏期一般为10~12h，最短约为6h，长的达24h。临床特征是急性胃肠炎，有腹痛、腹泻，并伴有发热和恶心，病程较短，多数在1d内即可恢复。F型引起的食物中毒症状较严重，潜伏期较短，表现为严重腹痛，腹泻，可引起重度脱水和循环衰竭而导致死亡。该菌引起的食物中毒属于感染型还是毒素型，一般难于确定，因一般必须进食大量活菌（100cfu/g）才能引起发病。

引起该菌繁殖的食品主要是肉类和鱼贝类等蛋白质类食品。中毒原因主要是食品加热不彻底，使细菌在食品中大量繁殖并形成芽孢及产生肠毒素，而食品并不一定在色味上发生明显的变化。食品中该菌数量达到很高时（1.0×10^7或更多），才能在肠道中产生毒素，从而引起食物中毒。

6. 肉毒梭菌食物中毒

（1）肉毒梭菌生物学特性。肉毒梭菌（*Clostridium botulinum*）属革兰阳性粗大梭状芽孢杆菌，专性厌氧，无荚膜。能形成比菌体还大的芽孢，有鞭毛，能运动。属中温性芽孢菌，最适生长温度为37℃，pH6~8。该菌的营养体对热的抵抗力一般，但某些型的芽孢耐热，一般干热180℃、5~15min，煮沸5~6h才能杀死，或120℃高压蒸汽下20~30min才能杀死。本菌是引起食物中毒的病原菌中抗热力最强的菌种之一，所以罐头杀菌效果一般以该菌作为指示细菌。

肉毒梭菌在厌氧条件下能产生强烈外毒素（肉毒素），肉毒素是高分子可溶性单纯蛋白质，对热的抵抗力比球菌毒素低，加热80℃、30min或100℃、10min，即可破坏其毒性。肉毒素是目前已知毒素中毒性最强的一种，其毒力比 KCN 还大一万倍。该毒素对消化酶、酸和低温很稳定，碱和热易于破坏其毒性。

肉毒梭菌按生化特性和毒素血清型的不同可分为 7 种，即 A、B、C、D、E、F、G，其中 A、B、E 和 F 型菌是引起食物中毒的病原菌。我国发生的肉毒梭菌中毒大多数是 A 型引起的。

（2）中毒症状及发生原因。肉毒梭菌引起的中毒属于毒素型中毒，肉毒素是一种与神经有较强亲和力的毒素，肉毒素随食物进入消化道，毒素在胃肠道不会被破坏，而是被直接吸收，导致肌肉麻痹和神经功能不全。食入有毒素的食物后，24h 内即可发生中毒症状，也有 2~3d 后才发生的，这主要与进食毒素的量有关。症状出现初期是恶心、呕吐，类似胃肠炎，随后出现全身无力、头晕，视力模糊，瞳孔放大，吞咽困难，言语障碍，最后因呼吸困难、呼吸麻痹而死亡。该菌引起的中毒在食物中毒中所占比例不大，但症状较重，死亡率较高（30%~65%），故应引起足够重视。

7. 副溶血性弧菌食物中毒

（1）副溶血性弧菌生物学特性。副溶血性弧菌为无芽孢，兼性厌氧菌，革兰染色阴性。其个体形态表现为多形性，有时呈杆状、弧状或球杆状等。有鞭毛，能运动。其最适宜的生长温度为 37℃。耐热性很低，65℃、30min，75℃、5min 即可杀死。最适生长 pH 为 7.4~8.0，对酸较敏感，故于普通食醋中 1min 即可被杀死。此外，该菌有一个特点是在含盐 3%~3.9%基质中最容易生长，含盐低于 0.5%或高于 8%的环境则停止生长繁殖，故有致病性嗜盐菌之称。

（2）中毒症状及引起中毒的食品。副溶血性弧菌产生的耐热性溶血毒素具有致病性，耐热性溶血毒素不仅可引发急性胃肠炎，还可使人的肠黏膜溃烂，红细胞破碎溶解，出现血便。潜伏期一般 11~18h，最短 4~6h。中毒症状是腹疼、恶心、呕吐、发热、腹泻等。开始水样便，以后变为血便。严重时出现休克，甚至死亡。病程为 2~3d，一般愈后良好。

本菌属海洋性细菌，主要存在于海产品上。当然，也存在于其他的食品上，如肉类、禽类及淡水鱼等。该菌是沿海地区夏季常见的食物中毒病原菌之一。造成食物中毒的食品主要是海产品鱼、虾、蟹等，据报道，章鱼和乌贼是最容易引起中毒的食品；其次是一些腌制品，如腌鸡蛋、咸菜、腌肉等。

8. 单核细胞增生李斯特菌食物中毒

（1）单核细胞增生李斯特菌生物学特性。单核细胞增生李斯特菌在分类上属李斯特菌属，该菌为革兰阳性、小杆菌，常呈 V 形，成对或单个排列，无芽孢和荚膜，有鞭毛，需氧或兼性厌氧菌。在血琼脂培养基上产生β-溶血环。生长温度 3~45℃，最适温度为 30~37℃，具有嗜冷性，能在低至 4℃ 的温度下生存和繁殖。生长 pH 为 5~9.6，耐酸不耐碱。不耐热，55℃、30min 即可杀死。耐盐，在 100g/L NaCl 培养基上可生长。对化学杀菌剂及紫外照射敏感。

（2）食物中毒症状及引起中毒的食品。单核细胞增生李斯特菌引起的食物中毒，往往发病突然。初时症状为恶心、呕吐、发烧、头疼、似感冒，最突出的表现是脑膜炎、败血症、心内膜炎。孕妇呈全身感染，症状轻重不等，常发生流产、子宫炎，严重的可出现早产或死产。婴儿感染可出现肉芽肿脓毒症、脑膜炎、肺炎、呼吸系统障碍，患先天性李氏菌病的新生儿多死于肺炎和呼吸衰竭，孕妇感染后流产或迟产，以及新生儿的细菌性脑膜炎。病死率高达 20%~50%。

引起中毒的食品主要有乳与乳制品、肉制品、水产品、蔬菜及水果，尤以乳制品中的乳酪（特别是软催熟型）、冰淇淋最为常见。

9. 空肠弯曲杆菌食物中毒

（1）空肠弯曲杆菌生物学特性。菌体轻度弯曲似逗点状，长 1.5~5μm，宽 0.2~0.8μm。菌体一端或两端有鞭毛，运动活泼。有荚膜，不形成芽孢。微需氧菌，在含 2.5%~5%氧和 10%二氧化碳的环境中生长最好。最适温度为 37~42℃。

（2）中毒症状及引起中毒的食品。空肠弯曲菌有内毒素能侵袭小肠和大肠黏膜引起急性肠炎，也可引起腹泻的暴发流行或集体食物中毒。由温血动物产生，乳、禽和肉是主要带菌体，但受污染的水也会造成人的感染。

10. 蜡样芽孢杆菌食物中毒

（1）蜡样芽孢杆菌生物学特性。蜡样芽孢杆菌为革兰阳性杆菌，好氧，能形成芽孢，芽孢不突出菌体，略偏于一端。菌体两端钝圆，成链状排列。最适生长温度为 32~37℃，过去一直把它当成是非病原菌，1950 年以来，逐渐证明也是一种食物中毒菌。

（2）中毒症状及引起中毒的食品。该菌对外界有害因子抵抗力强，分布广，有色，孢子呈椭圆形，有致呕吐型和腹泻型胃肠炎肠毒素两类。中毒者症状为腹痛、呕吐、腹泻。

蜡样芽孢杆菌存在于土壤、牛乳、乳粉和其他乳制品中。

11. 细菌性痢疾

细菌性痢疾是最常见的肠道传染病，夏秋两季患者最多。主要症状是畏寒，发热，腹痛，腹泻。传染途径为经口入胃，可在小肠上部的黏膜上生长繁殖并产毒，传染源主要为患者和带菌者，通过污染了痢疾杆菌的食物、饮水等经口感染。

细菌性痢疾致病菌为志贺菌。志贺菌也称志贺菌或者痢疾杆菌，是一类革兰阴性、无荚膜、无芽孢、不活动、不产生孢子的杆状细菌，兼性厌氧。菌落中等大小、半透明、光滑。多数不分解乳糖。根据生化和血清型学反应分为 4 个血清群，其中痢疾志贺菌（*S. dysenteriae*）污染食品经口进入人体后可导致典型的细菌性痢疾。

12. 霍乱

霍乱是因摄入的食物或水受到霍乱弧菌污染而引起的一种急性腹泻性传染病，属于国际检疫传染病。每年，估计有 300 万～500 万霍乱病例，有 10 万～12 万人死亡。病发高峰期在夏季，主要表现为剧烈的呕吐，能在数小时内造成腹泻脱水甚至死亡。近年，在亚洲和非洲的一些欠发达地区发现了新的变异菌株。据观察，这些菌株可引起更为严重的霍乱疾病，死亡率更高。

霍乱弧菌为革兰阴性菌，菌体短小呈逗点状，有单鞭毛、菌毛，部分有荚膜。共分为 139 个血清群，其中 O1 群和 O139 群可引起霍乱。该菌主要存在于水中，最常见的感染原因是食用了被患者粪便污染过的水。霍乱弧菌能产生霍乱毒素，造成分泌性腹泻，即使不再进食也会不断腹泻。

13. 炭疽病

炭疽芽孢杆菌是炭疽病病原菌，该菌为革兰阳性芽孢杆菌，无鞭毛，在动物体内可形成荚膜，菌体粗大，其芽孢在土壤中可存活十年之久，误食由于炭疽杆菌而死亡的动物肉，就有可能导致人类患炭疽病。炭疽病为一种人畜共患病。

14. 结核

结核杆菌是结核病病原菌，该菌为革兰阳性无芽孢分枝杆菌，无荚膜和鞭毛，抗干燥能力强，误食了含有该菌的乳或食用了消毒不彻底的乳，即有可能得结核病。

（三）真菌引起的食源性疾病

真菌被广泛用于酿酒、制酱和面包制造等食品工业，但有些真菌却能通过食物引起食源性疾病。真菌导致的食源性疾病一是引起急性食物中毒，二是引起癌变及如肝硬化等慢性病变。真菌导致的食源性疾病主要通过产生真菌毒素而对人体产生危害。

霉菌毒素指的是产毒霉菌在适合产毒的条件下所产生的次生代谢产物。食品在加工过程中，要经加热、烹调等处理，可以杀死霉菌的菌体和孢子，但它们产生的毒素一般不能破坏。所以，如果摄入人体内的毒素量达到一定程度，即可产生该种毒素所引发的中毒症状。

霉菌产毒的特点：①霉菌产毒仅限于少数的产毒霉菌，而产毒菌种中也只有一部分菌株产毒；②产毒菌株的产毒能力具有可变性和易变性，即产毒株经过几代培养可以完全失去产毒能力，而非产毒菌株在一定情况下，可以出现产毒能力；③产毒霉菌并不具有一定的严格性，即一种菌种或菌株可以产生几种不同的毒素，而同一霉菌毒素也可由几种霉菌产生；④产毒霉菌产生毒素需要一定的条件，主要是基质（如花生、玉米等食品中黄曲霉毒素检出率高，小麦、玉米以镰刀菌及其毒素污染为主，大米中以黄曲霉及其毒素为主）、水分、温度、相对湿度及空气流通情况等。

不少霉菌都可以产生毒素，但以曲霉、青霉、镰刀霉属产生的较多，且一种霉菌并非所有的菌株都能产生毒素。所以确切地说，产毒霉菌是指已经发现具有产毒能力的一些霉菌菌株，它们主要包括以下几个属，曲霉属：黄曲霉、寄生曲霉、杂色曲霉、岛青霉、烟曲霉、构巢曲霉等；青霉属：橘青霉、黄绿青霉、红色青霉、扩展青霉等；镰刀霉菌属：禾谷镰刀菌、玉米赤霉、梨孢镰刀菌、无孢镰刀菌、粉红镰刀菌等；其他菌属：粉红单端孢霉、木霉属、漆斑菌属、黑色状穗霉等。

目前已知的霉菌毒素与人类关系密切的有近百种，可引起食物中毒的霉菌毒素的种类相对更少一些。常见的致病性霉菌毒素有黄曲霉毒素、杂色曲霉毒素、赭曲霉素、展青霉毒素、镰刀菌毒素类等。

1. 黄曲霉毒素

黄曲霉毒素的性质：AFT 目前已分离鉴定出 20 余种异构体，其中最常见

的包括黄曲霉毒素 B_1、黄曲霉毒素 B_2、黄曲霉毒素 G_1、黄曲霉毒素 G_2、黄曲霉毒素 M_1、黄曲霉毒素 M_2。黄曲霉毒素的特性：①紫外线下发出不同颜色的荧光，蓝色荧光为 B 族，黄绿色荧光为 G 族；黄曲霉毒素 M_1 和黄曲霉毒素 M_2 为黄曲霉毒素 B_1、黄曲霉毒素 B_2 的羟化衍生物；②呋喃环有双键者毒性强，具有致癌性；③溶于油、氯仿、甲醇等有机溶剂，不溶于水、乙醚、石油醚；④耐热，加热到 280℃ 才裂解破坏；⑤在中性和酸性溶液中稳定，在 pH 为 9~10 的强碱性溶液中迅速分解。

产毒菌种：黄曲霉毒素主要由黄曲霉、寄生曲霉、集峰曲霉产生，其他曲霉、毛霉、青霉、镰孢霉、根霉等也可产生。

影响黄曲霉毒素产生的因素：①营养，花生、玉米等是黄曲霉的天然培养基；②温度和湿度，黄曲霉毒素产毒温度 28~32℃，相对湿度 85%以上；③水分，产毒的适宜水分活度为 0.8~0.9；④pH，最适产毒 pH 为 3.0。

AFT 污染食品的情况：黄曲霉毒素经常污染粮油及其制品。各种坚果，特别是花生和核桃，大豆、稻谷、玉米、调味品、牛乳、乳制品、食用油等制品中也经常发现黄曲霉毒素。一般在热带和亚热带地区，食品中黄曲霉毒素的检出率比较高。

毒性：黄曲霉毒素可影响细胞膜，抑制 DNA、RNA 合成并干扰某些酶的活性，导致基因突变。其毒性包括急性毒性，表现为食欲不振、生长迟缓等；致癌毒性，不同的接触途径都可以发生癌症，黄曲霉毒素是目前发现的最强的化学致癌物之一；致突变性，黄曲霉毒素主要通过干扰细胞 DNA、RNA 及蛋白质的合成而引起细胞的突变。

2. 赭曲霉素

赭曲霉素包括 7 种，以赭曲霉素 A 的毒性最强。

产毒菌种：主要由曲霉属和青霉属的一些种（如赭曲霉、炭黑曲霉、疣孢青霉等）产生，简称 OTA，主要污染谷物、小麦和豆类作物。

毒性：肾脏毒性，肾肿大，肾小管萎缩、坏死，导致尿蛋白、尿糖等；致畸；致癌；免疫毒性：淋巴坏死。

3. 岛青霉类毒素

岛青霉类毒素（*Silanditoxin*）是由岛青霉（*Penicillium islandicum*）产生的代谢产物，该毒素是一种很强的神经毒素，食物中毒时，可引起中枢神经麻痹、肝肿瘤和贫血症等。

稻谷在收获后如未及时脱粒干燥就堆放，很容易引起发霉。发霉谷物脱粒后即形成“黄变米”或“沤黄米”，这主要是由岛青霉污染所致。“黄变米”在我国南方、日本及其他热带和亚热带地区比较普遍。流行病学调查发现，肝癌发病率和居民过多食用霉变的大米有关。吃“黄变米”的人会引起中毒（肝坏死和肝昏迷）和肝硬化。岛青霉除产生岛青霉素外还可产生环氯素（*Cyclochlorotin*）、黄天精（*Luteoskyrin*）和红天精（*Erythroskyrin*）等多种霉菌毒素。

4. 杂色曲霉毒素

杂色曲霉是一种广泛分布于大米、玉米、花生和面粉等食物上的霉菌，该菌在含水15%左右的贮藏粮食上易生长繁殖产生杂色曲霉毒素。另外曲霉属的多个种及青霉属的个别种也可产生杂色曲霉毒素。该毒素具有急性、慢性毒性和致癌性，主要是侵害肝和肾。

5. 展青霉素

展青霉素又称展青霉毒素、棒曲霉素、珊瑚青霉毒素，它是由曲霉和青霉等真菌产生的一种次级代谢产物。毒理学试验表明，展青霉素具有影响生育、致癌和免疫等毒理作用，同时也是一种神经毒素。另外展青霉素还具有致畸性，对人体的危害很大，会导致呼吸和泌尿等系统的损害，使人神经麻痹、肺水肿、肾功能衰竭。展青霉素首先在霉烂苹果和苹果汁中被发现，广泛存在于各种霉变水果和青贮饲料中。

6. 镰刀菌毒素类

主要是镰刀菌属和个别其他菌属霉菌所产生的有毒代谢产物的总称，主要包括单端孢霉素、玉米赤霉烯酮和伏马菌素。这些毒素主要是通过霉变粮谷而危害人畜健康。

单端孢霉素类急性毒性较强，以局部刺激症状、炎症甚至坏死为主，慢性毒性可引起白细胞减少，抑制蛋白质和DNA的合成。另外单端孢霉素类要在温度超过200℃才能被破坏，所以经过通常的烘烤后，它们仍有活性（在残留的湿气中也要100℃才能被破坏）。粮食经多年储藏后，单端孢霉素类的毒力依然存在，无论酸或碱都很难使它们失活。

玉米赤霉烯酮具有类雌性激素样作用，可导致雌性激素亢进症。

伏马菌素是一类由不同的多氢醇和丙三羧酸组成的结构类似的双酯化合物。主要产毒菌为串珠镰刀菌，其次是多育镰刀菌。主要污染粮食及其制品。

有报道称，伏马菌素不仅是一种促癌物，而且完全是一种致癌物。伏马菌素主要损害肝肾功能，能引起马脑白质软化症和猪肺水肿等，并与我国和南非部分地区高发的食道癌有关，现已引起全世界的广泛注意。

（四）病毒引起的食源性疾病

食源性病原体中除细菌（包括细菌毒素）和真菌毒素外，还包括部分病毒。病毒是专性寄生，虽不能在食品中繁殖，但食品为其提供了保存条件，可以食品为传播载体经粪—口途径感染人体，导致食源性疾病的产生。统计表明，病毒已经成为引起食源性疾病的重要因素。通常病毒引起的食源性疾病主要表现为病毒性肠胃炎和病毒性肝炎。

已经证实的可导致食源性疾病的病毒有肝炎病毒（主要包括甲型肝炎病毒和戊型肝炎病毒）、诺如病毒、轮状病毒、星状病毒等。

1. 甲型肝炎病毒

病源菌为甲型肝炎病毒（*Hepatitis A virus*）。该病毒专性寄生于人体，但在其他生物体中可长时间保持传染性。传染途径通常是餐具、食品。水体污染使某些动物成为传染源。如毛蚶滤水速度达 5~6L/h，牡蛎可达 40L/h。上海市在 1988 年春，由于食用不洁毛蚶造成近 30 万人的甲型肝炎大流行，这是一次典型的食源性疾病的大流行。

2. 诺如病毒

诺如病毒（*Norovirus*）又称诺瓦克病毒或诺瓦克样病毒，是一组世界范围内引起的急性无菌性胃肠炎的重要病原微生物。诺瓦克病毒 1968 年在美国得名。随着分子生物学和免疫学技术的发展，人们逐渐发现了一组与诺瓦克病毒形态接近、核苷酸同源性较高、但抗原性有一定差异的病毒，统称为诺瓦克样病毒。

诺瓦克病毒通常栖息于牡蛎等贝类中，人若生食这些受污染的贝类会被感染，患者的呕吐物和排泄物也会传播病毒。诺瓦克病毒能引起腹泻，主要临床表现为腹痛、腹泻、恶心、呕吐。它主要通过患者的粪便和呕吐物传染，传染性很强，抵抗力弱的老年人在感染病毒后有病情恶化的危险。主要症状包括恶心、呕吐、腹泻及腹痛，部分会有轻微发烧、头痛、肌肉酸痛、倦怠、颈部僵硬、畏光等现象。被感染者虽然会感到严重的不适，除了婴幼儿、老人和免疫功能不足者，只要能适当地补充流失的水分，给予支持性治疗，症状都能在数天内改善。2006 年，数百万日本人感染诺瓦克病毒，导致多人死亡。

3. 轮状病毒

归类于呼肠孤病毒科，轮状病毒属（*Rotavirus*）。该病毒为双股 RNA，呈圆球形，壳粒呈放射状排列，形似车轮，无囊膜，有双层衣壳，每层衣壳呈二十面体对称，70~75nm。全世界 5 岁以下儿童每年可发生 1.4 亿人次的轮状病毒腹泻，死亡可达 100 万人，是婴幼儿腹泻的主要病原（大于 60%），多发于秋冬季。

4. 星状病毒

星状病毒（*Astrovirus*），是一种感染哺乳动物及鸟类的病毒。星状病毒于 1975 年从腹泻婴儿粪便中分离得到，球形，直径 28~35nm，无包膜，电镜下表面结构呈星形，有 5~6 个角。核酸为单正链 RNA，7.0kb，两端为非编码区，中间有三个重叠的开放读码框架。该病毒呈世界性分布，经粪—口传播，是引起婴幼儿、老年人及免疫功能低下者急性病毒性肝炎的重要病原之一，其致病性已日益受到重视，人类感染星状病毒主要症状是严重腹泻，伴随发热、恶心、呕吐。本病为自愈性疾病，大部分患者在出现症状 2~3d 时，症状会逐渐减轻，但也有极少数症状加重，造成脱水。

5. 朊病毒

朊病毒（*Prion virus*）是一类能浸染动物并在宿主细胞内复制的小分子无免疫性疏水蛋白质。朊病毒严格来说不是病毒，是一类不含核酸而仅由蛋白质构成的可自我复制并具感染性的病变因子。其相对分子质量在 2.7 万~3 万，对各种理化作用具有很强抵抗力，传染性极强。

朊病毒导致脑海绵状病变，称“克—雅氏症”，俗称疯牛病。疯牛病典型临床症状为出现痴呆或神经错乱，视觉模糊，平衡障碍，肌肉收缩等。通常认为食用被朊病毒污染了的牛肉、牛脊髓的人，有可能引起病变。朊病毒在 134~138℃下 60min 仍不能被全部失活；1.6%的氯、2mol/L 的氢氧化钠及医用福尔马林溶液等均不能使病原因子失活。该病症临床表现为脑组织的海绵体化、空泡化、星形胶质细胞和微小胶质细胞的形成以及致病型蛋白积累。无免疫反应，至今尚无办法治疗，一般患者均在发病后半年内死亡。

第三节 食品中微生物的变化与控制

微生物是影响食品质量和安全的重要因素。微生物种类繁多，在自然界中分布广泛。不同来源的微生物可通过食品原料、食品加工、贮存、运输和销售各个环节污染食品。污染食品的微生物在一定条件下可在食品中生长繁殖，导致食品的腐败变质；还可能引起食源性疾病，危害人体健康。

食品污染微生物的防治可从三个方面着手：①在食品原料选取、食品加工运输等环节可切断微生物污染途径，从源头防止其对食品污染；②对已经污染食品的微生物，可采取相应措施控制微生物的生长，减缓食品的变质；③在食品加工环节对食品进行一定的处理，彻底杀灭污染微生物。

本节将列举食品微生物污染的途径，阐述微生物在各类食品中的消长规律，以期在食品加工、贮存、运输、销售等各个环节有针对性地采取措施切断微生物的污染途径；并根据微生物生长规律，通过对加工工艺和贮存条件的选择，有效控制微生物活动，降低微生物数量，甚至杀灭微生物，以达到防止食品变质、延长食品存储时间、提高食品质量和安全、预防食源性疾病产生的目的。

一、食品的微生物污染源控制

（一）污染食品的微生物来源与途径

已知微生物是自然界中分布最广泛、数量最大的一类生物。由于其个体微小、繁殖速度快、营养类型多、适应能力强，所以土壤、水、空气、动植物体表及体内均广泛存在，甚至在高山、海洋等都有它们的存在。造成食品污染的微生物可分为内源性与外源性两大类，主要来自几个方面：来自土壤中的微生物，来自水中的微生物，来自空气中的微生物，来自操作人员，来自动植物以及来自食品加工设备、包装材料等方面的微生物。

1. 土壤中的微生物

不同环境中存在着不同类型和数量的微生物。土壤是微生物的“大本营”，土壤中微生物数量最大，种类也最多，这是由于土壤具备适合各种微生物生长繁殖的理想条件，即由土壤环境的特点决定的：①营养物质：土壤中含有微生物所需要的各种营养物质（有机质，大量元素及微量元素、水分及各种维生素等）；②氧气：表层土壤有一定的团粒结构疏松透气，适合好氧微生物的生长；而深层土壤结构紧密，适合厌氧微生物生长；③pH：土壤的酸碱度适宜，适合微生物的生长与繁殖（一般接近中性，适合多数微生物的生长，虽然一些土壤 pH 偏酸或偏碱，但在那里也存在着相适应的微生物类群，如酵母菌、霉菌、耐酸细菌、放线菌、耐碱细菌等）；④温度：土壤的温度一年四季中变化不大，既不酷热，也不严寒，非常适合微生物的生长繁殖。

通常土壤中细菌占较大的比率，主要的细菌包括：腐生性的球菌；需氧性的芽孢杆菌（枯草芽孢杆菌、蜡样芽孢杆菌、巨大芽孢杆菌）；厌氧性的芽孢杆菌（肉毒梭状芽孢杆菌、腐化梭状芽孢杆菌）及非芽孢杆菌（如大肠杆菌属）等。土壤中酵母菌、霉菌和大多数放线菌都生存在土壤的表层，酵母菌和霉菌在偏酸的土壤中活动显著。

土壤中微生物的种类和数量在不同地区、不同性质的土壤中有很大的差异，特别是在土壤的表层中微生物的波动很大。一般在浅层（10~20cm）土壤中，微生物最多，随着土壤深度的加深，微生物数量逐渐减少。

2. 水中的微生物

水是微生物广泛存在的第二个理想的天然环境，江、河、湖、泊中都有微生物的存在，下水道、温泉中也存在有微生物。

（1）水的环境特点。水中含有不同量的无机物质和有机物质，水具有一定的温度（如水的温度会随着气温的变化而变化，但深层水温度变化不大）、溶解氧（表层水含氧量较多，深层水缺氧）和 pH（淡水 pH 在 6.8~7.4），决定了其存在着不同类群的微生物。

（2）水中微生物的主要类群及其特点。①淡水中的微生物：假单胞菌属、产碱杆菌属、气单胞菌属、无色杆菌属等组成的一群革兰阴性菌，杆菌。这类微生物的最佳生长温度为 20~25℃，它们能够适应淡水环境而长期生活下来，从而构成了水中天然微生物的类群。来自土壤、空气和来自生产、生活的污水以及来自人、畜类粪便等多方面的微生物，特别是土壤中的微生物是污染水源的主要来源，它主要是随着雨水的冲洗而流入水中。来自生活污水、废物和人畜排泄物中的微生物大多数是人畜消化道内的正常寄生菌，如大肠杆菌、粪肠球菌和魏氏杆菌等；还有一些是腐生菌，如某些变形杆菌、厌氧的梭状芽孢杆菌等。当然，有些情况下，也可以发现少数病原微生物的存在。水中微生物活动的种类、数量是经常变化的，这种变化与许多因素有关，如气候、地形条件、水中含有的微生物所需要的营养物质的多少、水温、水中的含氧量、水中含有的浮游生物体等。如雨后的河流中微生物数量上升，有时达 10^7cfu/mL，但隔一段时间后，微生物数量会明显下降，这是水的自净作用造成的（阳光照射及河流的流动使含菌量冲淡，水中有机物因细菌的消耗而减少，浮游生物及噬胞菌的溶解作用等）。②海水中的微生物：海水中生活的微生物均有嗜盐性。靠近陆地的海水中微生物的数量较多（因为有江水、河水的流入，故含有机物的量比远海多），且具有与陆地微生物相似的特性（除嗜盐性外）。海水中的微生物主要是细菌，如假单胞菌属、无色杆菌属、不动杆菌属、黄杆菌属噬胞菌属、小球菌属、芽孢杆菌属等。如在捕获的海鱼体表经常检出有无色杆菌属、假单胞菌属和黄杆菌属的细菌，这些菌都是引起鱼体腐败变质的细菌。海水中的细菌除了能引起海产动植物的腐败外，有些还是海产鱼类的病原菌，有些菌种还是引起人类食物中毒的病原菌，如副溶血性弧菌。

3. 来自空气中的微生物

（1）空气环境的特点。空气中缺乏微生物生长所需要的营养物质，再加上水分少，较干燥，又有日光的照射，因此微生物不能在空气中生长，只能以浮游状态存在于空气中。

（2）空气中微生物的主要类群及其特点。空气中的微生物主要来自地面，几乎所有土壤表层存在的微生物均可能在空气中出现。由于空气的环境条件对微生物极为不利，故一些革兰阴性菌（如大肠菌群等）在空气中很易死亡，检出率很低。在空气中检出率较高的是一些抵抗力较强的类群，特别是耐干燥和耐紫外线强的微生物，即细菌中的革兰阳性球菌、革兰阳性杆菌（特别是芽孢杆菌）以及酵母菌和霉菌的孢子等。

空气中有时也会含有一些病原微生物，有的间接地来自地面，有的直接来自人或动物的呼吸道，如结核分枝杆菌、金黄色葡萄球菌等一些呼吸道疾病的病原微生物，可以随着患者口腔喷出的飞沫小滴散布于空气中。

4. 来自人及动植物的微生物

人和动植物，因生活在一定的自然环境中，就会受到周围环境中微生物的污染。健康人体和动物的消化道、上呼吸道等均有一定的微生物存在，但并不引起人畜的疾病。但是当人和动物有病原微生物寄生时，患者病体内就会产生大量病原微生物并向体外排出，其中少数菌还是人畜共患的病原微生物，其污染食物可能引起人类食源性疾病。

人经常接触食品，因此人体可作为媒介将有害微生物带入食品。如食品从业人员身体、衣物如果不经常清洗、消毒，就可能通过皮肤、头发等接触食品造成污染。另外食品加工贮存场所如果有鼠、蝇、蟑螂出没，这些动物体表消化道往往携带有大量微生物，因此成为微生物污染的重要传播媒介。

5. 来自加工设备及包装材料的微生物

随着工业化的发展和社会分工细化，食品从生产到食用过程日趋复杂。在从原料收获直到消费者食用整个过程中应用于食品的一切用具，包括包装容器、加工设备、贮存和运输工具都有可能成为媒介将微生物带入食品，造成污染。特别是贮存和运输过腐败变质食品的工具，如未经彻底消毒再次使用，会导致再次污染。另外多次使用的食品包装材料如处理不当，也易导致食品的微生物污染。

6. 来自食品原料及辅料的微生物

除了食品加工、贮存、运输等环节，还有来自食品原料及辅料本身的微生物。如动物性食品原料，健康动物体表和肠道存在有大量微生物，患病的畜禽器官和组织内部也可能有病原微生物的存在。屠宰过程中卫生管理不当将造成微生物广泛污染的可能。

水产品原料由于水域中含有多种微生物，所以鱼虾等体表消化道都有一定数量微生物。捕捞及运输存储过程处理不当可使得微生物大量繁殖，引起腐败。

植物性原料在生长期与自然界接触，其体表同样存在大量微生物。据检验，刚收获的粮食每克含有几千个细菌和大量的霉菌孢子。细菌主要为假单胞菌、微球菌、芽孢杆菌等，霉菌孢子主要是曲霉、青霉和镰刀霉。果蔬原料上存在的主要为酵母菌，其次是霉菌和少量细菌。加工或存储条件不当会导致粮食的霉变和果蔬的腐烂。

（二）食品微生物污染的控制

食品在加工前、加工过程中和加工后，都容易受到微生物的污染，如果不采取相应的措施加以防止和控制，那么食品的卫生质量就必然受到影响。

为了保证食品的卫生质量，不仅要求食品的原料中所含的微生物数量降到最少，而且要求在加工过程中和在加工后的贮存、销售等环节中不再或尽可能少受到微生物的污染，要达到以上的要求，必须采取以下措施。

1. 加强环境卫生管理

环境卫生的好坏，对食品的卫生质量影响很大。环境卫生搞得好，其含菌量会大大下降，这样就会减少对食品的污染。若环境卫生状况很差，其含菌量一定很高，这样容易增加污染的机会。所以加强环境卫生管理，是保证和提高食品卫生质量的重要一环。加强环境卫生管理包括：①做好粪便卫生管理工作；②做好污水卫生管理工作；③做好垃圾卫生管理工作。

2. 加强企业卫生管理

加强环境卫生管理，降低环境中的含菌量，减少食品污染的概率，可以促进食品卫生质量的提高。但是只注意外界环境卫生，而不注意食品企业内部的卫生管理，再好的食品原材料和食品也会受到微生物的污染，进而发生腐败变质，所以搞好企业卫生管理就显得更加重要，因为它与食品的卫生质量有着直接的密切关系。加强食品企业卫生包括：食品生产卫生、食品贮藏卫生、食品运输卫生、食品销售卫生、食品从业人员卫生。

（1）食品生产卫生：食品在生产过程中，每个环节都必须要有严格而又明确的卫生要求。只有这样，才能生产出符合卫生的食品。食品生产卫生管理包括：①食品厂址选择；②生产食品的车间管理；③食品在生产过程中的管理；④食品生产用水的管理。

（2）食品贮藏卫生。食品在贮藏过程中要注意场所、温度、容器等因素。场所要保持高度的清洁状态，无尘、无蝇、无鼠。贮藏温度要低，有条件的地方可放入冷库贮藏。所用的容器要经过消毒清洗。贮藏的食品要定期检查，一旦发现生霉、发臭等变质现象，都要及时进行处理。

（3）食品运输卫生。食品在运输过程中是否受到污染或是否腐败变质，都与运输时间的长短、包装材料的质量和完整、运输工具的卫生情况、食品的种类等有关。

（4）食品销售卫生。食品在销售过程中要做到及时进货，防止积压，要注意食品包装的完整，防止破损，要多用工具售货，减少直接用手接触食品，要防尘、防蝇、防鼠害等。

（5）食品从业人员卫生。对食品企业的从业人员，尤其是直接接触食品的食品加工人员、服务员和售货员等，必须加强卫生教育，养成遵守卫生制度的良好习惯。卫生防疫部门必须和食品企业及其他部门配合，定期对从业人员进行健康检查和带菌检查。如我国规定患有痢疾、伤寒、传染性肝炎等消化道传染病（包括带菌者），活动性肺结核、化脓性或渗出性皮肤病人员，不得参加接触食品的工作。

3. 加强食品卫生检验

要加强食品卫生的检验工作，才能对食品的卫生质量做到心中有数，有条件的食品企业应设有化验室，以便及时了解食品的卫生质量。

卫生防疫部门应经常或定期对食品进行采样化验，当然还要不断改进检验技术，提高食品卫生检验的灵敏度和准确性。经过卫生检验，对不符合卫生要求的食品，除了应采取相应的措施加以处理外，重要的是查出原因，找出对策，以便今后能生产出符合卫生质量要求的食品。

二、食品污染微生物生长控制

（一）食品中微生物的消长

食品中的微生物，在数量上和种类上都随着食品所处环境的变动和食品性状的变化而不断变化，这种变化所表现的主要特征就是食品中微生物的数量出现增多或减少。食品中微生物在数量上出现增多或减少的现象称为消长现象。

（二）影响食品微生物生长的条件

影响食品中微生物生长繁殖的因素有三个：微生物种类，食品的基质条件（营养成分、pH、水分活度渗透压等），食品的外界环境条件（温度、湿度、氧气等）。

1. 微生物种类

前面已经阐明，食品中之所以有微生物存在，是从不同污染源，通过各种各样的污染途径，传播到食品中去的。由于污染源和污染途径的不同，在食品中出现的微生物种类也是复杂的。但概括地讲，污染食品并导致食品腐败变质的微生物主要有细菌、霉菌、酵母菌三大类。

细菌种类繁多，适应性强，在绝大多数场合，是引起食品变质及导致食源性疾病的主要原因。霉菌适宜在有氧、水分少的干燥环境生长发育；在无氧的环境可抑制其活动；水分含量低于 15%时，其生长发育被抑制；富含淀粉和糖的食品容易生长霉菌，出现长霉现象。酵母在含糖类较多的食品中容易生长发育，在含蛋白质丰富的食品中一般不生长；在 pH 为 5.0 左右的微酸性环境生长发育良好；酵母耐热性不强，60~65℃就可将其杀灭。

2. 食品基质条件

(1) 食品的营养成分。食品的营养成分不同，适于不同微生物的生长繁殖。一般富含蛋白质的食品适于细菌类生长。富含糖类等简单碳水化合物的食品适于绝大多数微生物生长。富含淀粉类的食品容易引起霉菌污染。

(2) 食品的水分活度。水分是微生物赖以生存和食品成分分解的基础，是影响食品腐败变质的重要因素。水分活度（water activity，A）表示食品中水蒸气分压（p）与同条件下纯水的蒸汽压（po）之比，即 A=p/po，其值越小越不利于微生物增殖。一般微生物生长繁殖的最低 A 值见表 3-4。

表 3-4 一般微生物生长繁殖的最低 A 值

微生物种类	生长繁殖的最低 A 值
革兰阴性杆菌，部分细菌孢子，某些酵母菌	1.00~0.95
大多数球菌、乳杆菌、杆菌科营养体，某些霉菌	0.95~0.91
大多数酵母	0.91~0.87
大多数霉菌、金黄色葡萄球菌	0.87~0.80
大多数嗜盐菌	0.80~0.75
耐干燥霉菌	0.75~0.65
耐高渗透压酵母	0.65~0.60
微生物不能生长	<0.60

不同微生物生长繁殖所要求的水分含量不同，一般来说，细菌对含水量要求最高，酵母次之，霉菌对含水量要求最低。大部分新鲜食品 A 值在 0.95~1.00，许多腌肉制品（保藏期 1~2d）A 值在 0.87~0.95，这一 A 值范围的食品可满足一般细菌的生长，其下限可满足酵母菌的生长；盐分和糖分很高的食品（保藏期 1~2 周）A 值在 0.75~0.87，可满足霉菌和少数嗜盐细菌的生长；干制品（保藏期 1~2 个月）A 值在 0.60~0.75，可满足耐渗透压酵母和干性霉菌的生长；乳粉 A 值为 0.20、蛋粉 A 值为 0.40 时，微生物几乎不能生长。

（3）食品的 pH。食品的 pH 是制约微生物生长繁殖，并影响食品腐败变质的重要因素之一。一般食品中细菌最适 pH 下限值为 4.5 左右（乳酸杆菌 pH 可低至 3.3），适宜霉菌生长的 pH 为 3.0～6.0；酵母以 pH 为 4.0～5.8 最适宜。因此，一般食品 pH<4.5，可抑制多种微生物。但也有少数耐酸微生物能分解酸性物质，使 pH 升高，加速食品腐败变质。

调节 pH 可控制食品中微生物的种类和生长。通常来说，非酸性食品适宜细菌生长；酸性食品中，酵菌、霉菌和少数耐酸细菌（如大肠菌群）可生长。

（4）食品的渗透压。细菌细胞与外界环境之间保持着平衡等渗状态时，最利于细胞的生长。如果细菌细胞处于高渗环境，水从细胞溢出，将使胞浆胞膜分离，如环境渗透压低，则细菌细胞吸收水分导致膨胀破裂。一般微生物对低渗有一定的抵抗力，较易生长，而高渗条件下则易脱水死亡。

通常多数霉菌和少数酵母能耐受较高渗透压，高渗透压的食品中绝大多数的细菌不能生长，少数耐盐、嗜盐和耐糖菌除外。

渗透压依赖于溶液中分子大小和数量。食盐和糖是形成不同渗透压的主要物质，食品工业中常利用高浓度的盐和糖来保存食品。

3. 食品外部环境

（1）温度。温度是影响微生物活动的最重要的因素之一。根据不同微生物对温度的适应能力和要求，可将微生物分为嗜冷菌、嗜热菌和嗜温菌三类。一般来讲，每种微生物都有其最适生长温度、最高生长温度和最低生长温度三个点。最适温度条件下其生长繁殖活动最活跃，低于最低温度和高于最高温度其生长活动受到抑制。但低温一般不易导致微生物的死亡，微生物在低温条件下可以较长时间存活。高温可使微生物胞内的核酸、蛋白质等遭受不可逆的损坏，导致微生物死亡。

不同温度保存的食品适于不同微生物的生长，一般 5～46℃是致病菌易生长的范围，如食品必须在此温度区间保存，则需严格控制保存时间。温度对微生物的影响见表 3-5。

表 3-5　温度对微生物的影响

温度/℃	对微生物的影响
121	蒸汽在 15～20min 内杀死绝大多数微生物，包括芽孢

续表

温度/℃	对微生物的影响
116	蒸汽在 30~40min 内杀死绝大多数微生物，包括芽孢
110	蒸汽在 60~80min 内杀死绝大多数微生物，包括芽孢
100	很快杀死营养细胞，但不包括芽孢
82~93	杀死细菌、酵母和霉菌的生长细胞
66~82	嗜热菌生长
60~77	牛乳 30min 巴氏杀菌，杀死所有主要致病菌（芽孢菌除外）
16~38	大多数细菌、酵母和霉菌生长旺盛
10~16	大多数微生物生长迟缓
4~10	嗜冷菌适度生长，个别致病菌生长
0	普通微生物停止生长

（2）氧气。氧气对微生物生命活动有重要影响。根据微生物与氧气的关系，可将微生物分为好氧、厌氧两大类。好氧菌又分专性好氧、兼性厌氧和微好氧；厌氧菌分为专性厌氧菌和耐氧菌。一般来讲，有氧环境下，微生物进行有氧呼吸，生长代谢速度快，食品变质速度也快。缺氧条件下，由厌氧微生物导致的食品变质速度较慢。多数兼性厌氧菌在有氧条件下生长繁殖速度较快。因此可通过控制食品包装或者食品贮存环境的氧浓度来防止食品腐败，延长食品保质期。

（三）微生物生长的控制和食品保藏

为避免或尽可能减少污染微生物对食品的影响，需根据引起食品污染微生物的种类和特性，有针对性地采取相应的措施，抑制污染微生物的生长繁殖，控制其在食品中的数量，以延长食品保存期限，并减少微生物对人体的危害。

控制食品污染微生物生长的措施主要如下。

1. 降低食品水分含量：日晒、阴干、热风干燥、喷雾干燥

由于微生物的生长需要一定的水分活度，降低食品水分含量是控制污染微生物生长繁殖的有效手段。根据食品基质，通常采用的措施有日晒、阴干、热风干燥、喷雾干燥、真空冷冻干燥等。

2. 降低食品的贮藏温度：冷藏、冷冻

微生物在一定温度范围内才能生长繁殖。降低环境温度可有效控制污染微生物的生长活动，而又不会过多影响食品营养及口味。冷藏和冷冻是食品保藏最常用的方式之一。

(1) 冷藏。预冷后的食品在稍高于冰点温度（0℃）中进行贮藏的方法，最常用温度为-1~10℃，适于短期保藏食品。还可采用冰块接触、空气冷却（吹冷风）、水冷却（井水、循环水）、真空冷却等方法。

(2) 冷冻。冷冻又包括缓冻：3~72h 内使食品温度降至所需温度（-5~-2℃），令其缓慢冻结，食物中大部分水可冻成冰晶；速冻：30min 内食品温度迅速降至-20℃左右，完全冻结，结冰率近 100%（-18℃结冰率>98%）。

另外，需特殊贮存的食品还可使用致冷剂冻结：如液氮、液态 CO_2、固态 CO_2（干冰）、超低温致冷，还有食盐加冰（按不同的比例达到所需温度）；机械式冷冻：如吹风冻结、接触冻结。

3. 提高食品渗透压：盐腌或糖渍

微生物生长繁殖需一定的渗透压，渗透压过高、过低都不利于微生物生长。通常利用盐腌、糖渍等方法来提高食品渗透压，控制微生物生长，延长食品保存期限。

4. 化学防腐和生物防腐：防腐剂

防腐剂的抑菌原理：①能使微生物的蛋白质凝固或变性，从而干扰其生长和繁殖；②对微生物细胞壁、细胞膜产生作用；③作用于遗传物质或遗传微粒结构，进而影响到遗传物质的复制、转录、蛋白质的翻译等；④作用于微生物体内的酶系，抑制酶的活性，干扰其正常代谢。

常用的食品防腐剂有山梨酸及其盐类、丙酸、硝酸盐和亚硝酸盐、苯甲酸、苯甲酸钠和对羟基苯甲酸酯、乳酸链球菌素、溶菌酶。

5. 酸渍、发酵作用降低酸度（控制 pH）

由于微生物生长都需要一定 pH 范围，因此可以通过酸渍（实际上很多食品防腐剂如乳酸、苯甲酸等也是通过调节食品 pH 以控制微生物生长），或者通过自然发酵改变食品 pH，以控制污染微生物生长。如泡菜的腌制，利用乳酸菌发酵产生乳酸，能有效防止蔬菜的腐烂，延长保存时间。

6. 隔绝氧气：气调保藏

气调包装，国外又称 MAP 或 CAP。根据食品特质及污染微生物对氧气的喜好度，常采用的气体有 N_2、O_2、CO_2、混合气体 O_2+N_2 或 CO_2+N_2+O_2（即 MAP）。高浓度的 CO_2 能阻碍需氧细菌与霉菌等微生物的繁殖，延长微生物生长的迟滞期及指数增长期，起防腐防霉作用。还可抑制大多厌氧的腐败细菌生长繁殖，保持鲜肉色泽、维持新鲜果蔬富氧呼吸及鲜度。

三、食品微生物的杀灭

前文曾有阐述，食品污染微生物的防治可从三个方面着手：①切断微生物污染途径，从源头防止其对食品污染；②抑制微生物的生长，控制食品中污染微生物数量，减缓食品的变质；③在食品加工或保存环节对食品进行有效处理，彻底杀灭污染微生物。食品行业杀灭微生物的常用方法有热处理和辐照灭菌。

（一）热处理

热处理即高温杀菌，其原理是通过高温破坏微生物体内的酶、脂质体和细胞膜，使原生质构造呈现不均一状态，以致蛋白质凝固，细胞内一切反应停止。

由于不同的微生物本身结构和细胞组成、性质有所不同，因此对热的敏感性不一，即有不同的耐热性。当微生物所处的环境温度超过了微生物所适应的最高生长温度，一些较敏感的微生物会立即死亡；另一些对热抵抗力较强的微生物虽不能生长，但尚能生存一段时间。

高温虽然可以杀灭微生物，但会对食品营养、性状产生影响。因此根据食品性质常采用不同的灭菌温度和时间，以杀灭微生物的同时，尽可能地保持食品原有营养和风味。常用的高温灭菌方式如下。

（1）高压蒸汽灭菌法：121℃，15~30min；115℃，30min。该方法可使细菌营养体和芽孢均被杀灭，起到长期保藏食品的目的。罐头类食品一般采用这种方法。

（2）煮沸消毒法：100℃，15min 以上。这是食品加工最常用和简单有效的方法。一般微生物营养体细胞均可杀灭，但不能杀灭芽孢。

（3）巴氏消毒法：60~85℃，15~30min。常用作牛乳、啤酒、果汁等的消毒，经巴氏消毒后的食品并非无菌，极少数耐热细菌仍能存活，所以需迅速冷却，经无菌包装后立即冷藏，以防细菌繁殖。

（4）超高温灭菌法（UHT）：一般采用 135~137℃，维持 3~5s；对于污染严重的材料，灭菌温度可控制在142℃，维持3~5s。超高温瞬时灭菌法也是牛乳常用的灭菌方法，这样能把牛乳中的微生物杀死，而营养却因加热时间短而得以保存。

（5）微波加热：国际规定食品工业用915MHz和2450MHz两种频率。

（6）远红外线加热杀菌。

（二）辐照灭菌

辐照灭菌的原理：利用γ射线具有波长短、穿透力强的特点，对微生物的DNA、RNA、蛋白质、脂类等大分子物质的破坏作用，使食品中微生物失活或者代谢活动减慢，达到食品保鲜及长期保存的目的。常采用的辐照源有^{60}Co和^{137}Cs。常用剂量：5~10kGy消毒（不能杀死芽孢），10~50kGy灭菌。常见食品病原菌及其辐照灭菌剂量见表3-6。

优点：食品营养素损失少，灭菌防腐，能确保食品食用安全，减少化学熏染及添加剂的使用，延长货架寿命。

缺点：这种技术可以引起辐照食品的物理、化学和生物变化，从而影响食品的营养价值和感官特性。如10kGy以上剂量辐照，食品可产生感官性质变化，出现所谓辐照嗅。

表3-6 食品病原菌及其辐照灭菌剂量

致病菌种类	D值/kGy	致病菌种类	D值/kGy
沙门菌	0.5~1.0	金黄色葡萄球菌	0.26~0.45
耶尔森菌	0.1~0.2	大肠杆菌O157：H7	0.25~0.45
弯曲杆菌	0.12~0.25	肉毒杆菌	3.45~4.30
李斯特菌	0.27~0.77		

注：D值是指杀灭90%微生物所需的辐射剂量。

第四章　食品微生物检验基本技能

第一节　显微镜和显微镜使用技术

一、实验原理

显微镜包括普通光学显微镜、相差显微镜、暗视野显微镜、荧光显微镜和电子显微镜等。

微生物个体微小，难以用肉眼观察其形态结构，只有借助于显微镜，才能对它们进行研究和利用。普通光学显微镜是一种精密的光学仪器，是观察微生物最常用的工具。一台显微镜的性能良好与否不仅仅取决于其放大率，还与物像观察时的明晰程度有关。

二、普通光学显微镜的构造

普通光学显微镜的构造可分为两大部分：机械装置和光学系统，这两部分很好的配合才能发挥出显微镜的作用。

（一）显微镜的机械装置

显微镜的机械装置包括镜座、镜臂、镜筒、转换器、载物台、推动器、粗调节器（粗调螺旋）和细调节器（微调螺旋）等部件。

（二）显微镜的光学系统

显微镜的光学系统由反光镜、聚光器、物镜、目镜等组成，光学系统使标本物像放大，形成倒立的放大物像。

三、实验材料与试剂

制片标本、香柏油、二甲苯。

四、实验器具

普通光学显微镜、载玻片、盖玻片、接种环、酒精灯、擦镜纸、吸水纸。

五、实验操作

（1）置显微镜于平稳的实验台上，镜座距实验台边沿约3~5cm。

（2）接通电源，打开主开关。

（3）调节光源，使视野内的光线均匀，亮度适宜，便于观察。

（4）低倍镜观察。待观察的标本需先用低倍镜观察，发现目标和确定观察的位置。

（5）高倍镜观察。将高倍镜转至正下方，在转换物镜时，需用眼睛在侧面观察，避免镜头与载玻片相撞。然后由目镜观察，并仔细调节光圈，使光线的明亮度适宜，同时用粗调节器慢慢升起镜筒至物像出现后，再用细调节器调节至物像清晰为止，找到最适宜观察的部位后，将此部位移至视野中心。

（6）油镜观察。高倍镜下找到清晰的物像后转换油镜，在标本中央滴一滴香柏油，将油镜镜头浸入香柏油中，细调至看清物像为止。如果油镜离开油面仍未见物像，必须再将油镜降下，重复操作直至物像清晰为止。

（7）另换新片，必须从第（4）步骤开始操作。

（8）观察完毕，降低载物台，先用擦镜纸擦去镜头上的香柏油，再用擦镜纸蘸取少量二甲苯擦去残留的香柏油，最后立即用擦镜纸擦去镜头上残留的二甲苯，防止对镜头的损伤。

（9）将物镜镜头转成“八”字形。

（10）将显微镜置于干燥通风处，并避免阳光直射。

六、注意事项

（1）搬动显微镜时，要一手握镜臂，一手扶镜座，两上臂紧靠胸壁。切勿一手斜提前后摆动，以防镜头或其他零件跌落。

（2）观察标本时，显微镜离实验台边缘应保持一定距离（5cm），以免显微镜翻倒落地。

(3) 使用前应将镜身擦拭一遍，用擦镜纸将镜头擦净，切不可用手指擦抹。

(4) 使用时如发现显微镜操作不灵活或有损坏情况，不要擅自拆卸修理，应立即报告指导教师处理。

(5) 使用时，必须先低倍镜再高倍镜，最后用油镜。

(6) 观察时，镜检者姿势要端正，一般用左眼观察，右眼便于绘图或记录，两眼必须同时睁开，以减少疲劳，亦可练习左右眼均能观察。

(7) 使用油镜观察样品后，立即用二甲苯将油镜镜头和载玻片擦净，以防其他的物镜玻璃上沾上香柏油。二甲苯有毒，使用后应马上洗手。

第二节 培养基的制备

一、实验原理

培养基是微生物的食物。正确掌握培养基的配制方法是从事微生物学实验工作的重要基础。培养基是按照微生物生长发育的需要，用不同组分的营养物质调制而成的营养基质。人工制备培养基的目的，在于给微生物创造一个良好的营养条件。把一定的培养基放入一定的器皿中，就提供了人工繁殖微生物的环境和场所。

自然界中，微生物种类繁多，由于微生物具有不同的营养类型，对营养物质的要求也各不相同，加之实验和研究的目的不同，所以培养基在组成原料上也各有差异。但是，不同种类和不同组成的培养基中，均应含有满足微生物生长所需的水、碳源、氮源、能源、无机盐和生长因子。此外，培养基还应具有适宜的酸碱度（pH）和一定缓冲能力及一定的氧化还原电位和合适的渗透压。

在培养基中加入吐温-80（Tween-80，聚氯乙烯脱水山梨醇单油酸酯，简称聚山梨酯-80)，以降低培养基的表面张力，从而使细胞的有毒代谢产物如乳酸等能顺利排出体外，刺激生长。有机酸、蛋白质、醇等都能降低表面张力。

有时为了观察代谢过程中的酸度变化，常常加入酸碱指示剂。常用的指示剂的变色范围：酚红：pH6.8～8.4，从黄变红；甲基红：pH4.2～6.2，从红变黄；中性红：pH6.8～8.0，从红变黄；溴麝香草酚蓝：pH6.0～7.6，从黄变蓝。

根据制备培养基对所选用的营养物质的来源，可将培养基分为天然培养基、半合成培养基和合成培养基三类。按照培养基的形态可将培养基分为液体培养基和固体培养基。根据培养基的使用目的，可将培养基分为选择培养基、加富培养基及鉴别培养基等。培养基的类型和种类是多种多样的，必须根据不同的微生物和不同的目的选择配制。

固体培养基在微生物分离、鉴定中占有重要地位。固体培养基是在液体培养基中添加凝固剂制成的，常用的凝固剂有琼脂、明胶和硅酸钠，其中琼脂最为常用，其主要成分为多糖类物质，性质较稳定，一般微生物不能分解，故用凝固剂而不致引起化学成分变化。琼脂在95℃的热水中才开始溶化，溶化后的琼脂冷却到45℃才重新凝固。因此用琼脂制成的固体培养基在一般微生物的培养温度范围（25～37℃）内不会溶化且能保持固体状态。

二、实验材料与试剂

待配各种培养基的组成成分、琼脂。

1mol/L NaOH 溶液、1mol/L HCl 溶液。

三、实验器具

移液管、试管、烧杯、量筒、锥形瓶、培养皿、玻璃漏斗、药匙、称量纸、pH 试纸、记号笔、棉花、纱布、线绳、塑料试管盖、牛皮纸、报纸等。

四、实验操作

（一）液体培养基的配制

1. 称量

先按培养基配方计算各成分的用量，然后进行准确称量，依次把各成分加入烧杯中。一般可用1/100粗天平称量培养基所需的各种药品。

2. 溶化

烧杯中先加入所需水量的2/3左右（根据实验需要可用自来水或蒸馏

水），用玻璃棒慢慢搅动，加热溶解。

3. 调 pH

培养基溶解并冷却至室温后用 pH 试纸测定培养基的 pH。培养基偏酸或偏碱时，可用 1mol/L NaOH 或 1mol/L HCl 溶液进行调节。调节 pH 时，应逐滴加入 NaOH 或 HCl 溶液，防止局部过酸或过碱，破坏培养基中成分。边加边搅拌，并不时用 pH 试纸测试，直至达到所需 pH 为止。如果培养基配方为自然 pH 时，不用酸碱调节。

4. 定容

调节 pH 后倒入一量筒中，加水至所需体积。

5. 过滤

用滤纸或多层纱布过滤培养基。一般无特殊要求时，此步可省去。

6. 分装

将配制好的培养基根据实验要求分装于锥形瓶或试管中。一般锥形瓶分装量不超过其容积的一半，试管以试管高度的 1/4 左右为宜。分装时，注意不要使培养基黏附管口或瓶口，以免浸湿棉塞引起杂菌污染。

7. 包扎、灭菌

将分装好的培养基塞上棉塞，在瓶口包牛皮纸或双层报纸，用棉绳捆扎。注明培养基的名称、配制时间等并及时放入高压灭菌锅中 121℃、20min 灭菌。

（二）固体斜面培养基的配制

1. 称量至过滤步骤

按照液体培养基的配制方法 1~5 步骤操作。

2. 加琼脂溶化

称取 1.5%~2.0%的琼脂粉加入配制好的液体培养基中，加热溶化至沸腾。加热中要注意控制火力，防止培养基溢出，同时不断用玻璃棒搅动，防止培养基烧焦，最后补充所失水分。

3. 分装

将配制好的固体培养基分装于试管中。分装量以试管高度的 1/5~1/4 为宜。分装时，注意不要使培养基黏附管口，以免浸湿棉塞引起杂菌污染。操作中应快速，以防培养基凝固。

4. 包扎、灭菌

将分装好的培养基塞上棉塞，在瓶口包牛皮纸或双层报纸，用棉绳捆扎。注明培养基的名称、配制时间等并及时放入高压灭菌锅中 121℃、20min 灭菌。

5. 摆斜面

高温高压灭菌完成后，当温度降至 55℃左右，趁热将培养基试管放于玻璃棒或移液管上，调整斜度使其培养基斜面不超过试管长度的 1/2。待斜面凝固后使用。

（三）固体平板培养基的配制

1. 称量至过滤步骤

按照液体培养基的配制方法 1~5 步骤操作。

2. 加琼脂溶化

称取 1.5%~2.0%的琼脂粉加入配制好的液体培养基中，加热溶化至沸腾。加热中要注意控制火力，防止培养基溢出，同时不断用玻璃棒搅动，防止培养基烧焦，最后补充所失水分。

3. 分装

将配制好的固体培养基分装于锥形瓶中。分装量以锥形瓶容积的 1/3~1/2 为宜。分装时，注意不要使培养基黏附瓶口，以免浸湿棉塞引起杂菌污染。操作中应快速，以防培养基凝固。

4. 包扎、灭菌

将分装好的培养基塞上棉塞，在瓶口包牛皮纸或双层报纸，用棉绳捆扎。注明培养基的名称、配制时间等并及时放入高压灭菌锅中 121℃、20min 灭菌。

5. 倒平板

高温高压灭菌完成后，当温度降至 55℃左右，进入无菌室倒平板。

（四）半固体培养基的配制

同固体培养基的配制方法，只是琼脂粉的添加量减为 0.3%~0.6%。

五、注意事项

（1）培养基成分的称取。培养基的各种成分必须精确称取并要注意防止错乱。最好一次完成，不要中断。可将配方置于旁侧，每称完一种成分即在配方上做出记号，并将所需称取的药品一次取齐，置于左侧，每种称取完毕后，即移放于右侧。完全称取完毕后，还应进行一次检查。

（2）称量药品的药匙不要混用，以防止污染药品，称完药品后应及时盖紧瓶盖。

（3）待培养基溶解冷却后再调节 pH。

（4）加热溶化过程中，要不断搅拌，加热过程中应保证补足所蒸发的水分。

（5）所用器皿要洁净，勿用铜质和铁质器皿。

（6）分装培养基时，注意不得使培养基在瓶口或管壁上端被污染，以免引起杂菌污染。

（7）培养基的灭菌时间和温度，需按照各种培养基的规定进行，以保证杀菌效果和不损失培养基的必要成分，培养基灭菌后，必须放在 37℃ 温箱培育 24h，无菌生长方可使用。

（8）灭菌后制作斜面与平板的培养基温度不宜太高，一般在 60℃ 左右，否则培养基表面冷凝水过多，会影响微生物的培养和分离。

第三节　玻璃器皿的洗涤、包扎与灭菌

一、实验原理

玻璃器皿是微生物实验中必不可少的重要用具，为确保实验顺利进行，要求把实验所用的玻璃器皿清洗干净。为保持灭菌后的无菌状态，需要对培养皿、吸管等进行包扎，对试管和锥形瓶等加塞棉塞。这些工作看起来很普通简单，但若操作不当或不按操作规定去做，则会影响实验结果，甚至会导致实验的失败。

二、实验材料与试剂

去污粉、相应的洗涤液。

三、实验器具

高压蒸汽灭菌锅、试管、锥形瓶、培养皿、移液管、棉线、纱布、棉花、牛皮纸、报纸等。

四、实验操作

（一）玻璃器皿的洗涤

1. 新购的玻璃器皿的洗涤

将器皿放入2%盐酸溶液中浸泡数小时，以除去游离的碱性物质，最后用流水冲净。

对容量较大的器皿，如大烧瓶、量筒等，洗净后注入少许浓盐酸，转动容器使其内部表面均沾有盐酸，数分钟后倾去盐酸，再以流水冲净，倒置于洗涤架上晾干，即可使用。

2. 常用旧玻璃器皿的洗涤

确定无病原菌或未被带菌物污染的器皿，使用前后，可按常规用洗衣粉水进行刷洗；吸取过化学试剂的吸管，先浸泡于清水中，待到一定数量后再集中进行清洗。

3. 带菌玻璃器皿的洗涤

凡实验室用过的菌种以及带有活菌的各种玻璃器皿，必须经过高温灭菌或消毒后才能进行刷洗。

（1）带菌培养皿、试管、锥形瓶等物品，做完实验后放入消毒桶内，用0.1MPa灭菌20~30min后再刷洗。含菌培养皿的灭菌，底盖要分开放入不同的桶中，再进行高压灭菌。

（2）带菌的吸管、滴管，使用后不得放在桌子上，应立即分别放入盛有3%~5%来苏水或5%石炭酸或0.25%新苯扎氯铵溶液的玻璃缸（筒）内消毒24h后，再经0.1MPa灭菌20min后，取出冲洗。

（3）带菌载玻片及盖玻片，使用后不得放在桌子上，应立即分别放入盛有3%~5%来苏水或5%石炭酸或0.25%新苯扎氯铵溶液的玻璃缸（筒）内消毒24h后，用夹子取出经清水冲干净。

新购置的载玻片，先用2%盐酸浸泡数小时，冲去盐酸。再放浓洗液中浸泡过夜，用自来水冲净洗液，浸泡在蒸馏水中或擦干装盒备用。

如用于细菌染色的载玻片，要放入50g/L肥皂水中煮沸10min，然后用肥皂水洗，再用清水洗干净。最后将载玻片浸入95%乙醇中片刻，取出用软布擦干，或晾干，保存备用。

用皂液不能洗净的器皿，可用洗液浸泡适当时间后再用清水洗净。

（二）玻璃器皿的晾干或烘干

1. 不急用的玻璃器皿

可放在实验室中自然晾干。

2. 急用的玻璃器皿

把器皿放在托盘中（大件的器皿可直接放入烘箱中），再放入烘箱内，用80~120℃烘干，当温度下降到60℃以下再打开取出器皿使用。

（三）玻璃器皿的包扎

要使灭菌后的器皿仍保持无菌状态，需在灭菌前进行包扎。

1. 培养皿

洗净的培养皿烘干后每10套（或根据需要而定）叠在一起，用牢固的纸卷成一筒，或装入特制的铁桶中，然后进行灭菌。

2. 移液管

洗净、烘干后的移液管，要在吸口的一头塞入少许脱脂棉花，以防在使用时造成污染。塞入的棉花量要适宜，多余的棉花可用酒精灯火焰烧掉。每支吸管用一条宽约4~5cm的纸条，以30°~50°的角度螺旋形卷起来，吸管的尖端在头部，另一端用剩余的纸条打成一结，以防散开，标上容量，若干支吸管包扎成一束进行灭菌。使用时，从吸管中间拧断纸条，抽出试管。

3. 试管和锥形瓶

试管和锥形瓶都需要做合适的棉塞，棉塞可起过滤作用，避免空气中的微生物进入容器。制作棉塞时，要求棉花紧贴玻璃壁，没有皱纹和缝隙，松紧适宜。过紧易挤破管口和不易塞入；过松则易掉落和污染。棉塞的长度不小于管口直径的2倍，约2/3塞进管口。若干支试管用绳扎在一起，在棉花部分外包裹油纸或牛皮纸，再用绳扎紧。锥形瓶加棉塞后单个用油纸包扎。

目前，国内已开始采用塑料试管塞，可根据所用的试管的规格和试验要求来选择和采用合适的塑料试管塞。

（四）玻璃器皿的灭菌

1. 干热灭菌

灭菌物品放入干热灭菌箱灭菌专用的铁盒内，关好箱门，160~170℃维持2h。灭菌结束后，关闭电源，自然降温至60℃，打开箱门，取出物品放置备用。

2. 高温高压蒸汽灭菌

将包好的玻璃器皿放入高温高压蒸汽灭菌锅中，121℃、20min灭菌。

五、注意事项

（1）含有致病菌的玻璃器皿，应先浸在5%的石炭酸溶液内或高温高压灭菌后再洗涤。

（2）用过的器皿应立即清洗。

（3）移液管洗涤后要塞脱脂棉再进行包扎、灭菌。

第四节　灭菌与消毒技术

一、实验原理

灭菌是用物理或化学的方法来杀死或除去物品上或环境中的所有微生物。消毒是用物理或化学的方法杀死物体上绝大部分微生物（主要是病原微生物和有害微生物），消毒实际上是部分灭菌。

高压蒸汽灭菌是将待灭菌的物品放在一个密闭的加压灭菌锅内，通过加热使灭菌锅隔套间的水沸腾而产生蒸汽。待水蒸气急剧地将锅内的冷空气从排气阀中驱尽，然后关闭排气阀，继续加热，此时由于蒸汽不能溢出，而增加了灭菌器内的压力，从而使沸点升高，得到高于100℃的温度，导致菌体蛋白质凝固变性而达到灭菌的目的。适用于一般培养基、玻璃器皿、无菌水、金属用具。一般培养基在121.3℃灭菌15~30min即可。时间的长短可根据灭菌物品种类和数量的不同而有所变化，以达到彻底灭菌为准。这种灭菌适用于培养基、工作服、橡皮物品等。

干热灭菌是利用高温使微生物细胞内的蛋白质凝固变性而达到灭菌的目

的。细胞内的蛋白质凝固性与其本身的含水量有关，在菌体受热时，当环境和细胞内含水量越大，则蛋白质凝固就越快，反之含水量越小，凝固缓慢。因此，与湿热灭菌相比，干热灭菌所需温度高（160~170℃），时间长（1~2h）。但干热灭菌温度不能超过180℃，否则，包器皿的纸或棉塞就会烤焦，甚至引起燃烧，因而一般塑料制品不能用于干热灭菌。

化学药品消毒灭菌法是应用能杀死微生物的化学制剂进行消毒灭菌的方法。实验室桌面、用具以及洗手用的溶液均常用化学药品进行消毒灭菌。

二、实验器具

高温高压蒸汽灭菌锅、电热烘箱。

三、实验操作

（一）高温高压蒸汽灭菌

（1）检查水位、添加蒸馏水。

（2）放入待灭菌的物品。

（3）设定程序，121℃，15~30min。

（4）降温、降压，直到降为“0”。

（5）取出灭好菌的物品。

（6）无菌检验。灭菌培养基放入37℃恒温培养箱中培养24h，检验有无杂菌生长。

（二）干热灭菌

1. 火焰灼烧灭菌

火焰灼烧灭菌适用于接种环、接种针和金属用具如镊子等，无菌操作时的试管口和瓶口也在火焰上作短暂灼烧灭菌。

2. 热空气灭菌

（1）装入待灭菌物品。将包好的待灭菌物品（培养皿、试管、吸管等）放入电烘箱内，关好箱门。

（2）设定温度。通过数显板设定温度为160~170℃，之后开始升温。

（3）恒温。当温度升到160~170℃时，持续温度1~2h。

(4) 降温。切断电源、自然降温。

(5) 开箱取物。待电烘箱内温度降到70℃以下后，打开箱门，取出灭菌物品。

(三) 化学药品消毒

常用的有2%煤酚皂溶液（来苏水）、0.25%新苯扎氯铵、1%升汞、3%~5%的甲醛溶液、75%乙醇溶液等。

四、注意事项

(1) 干热灭菌时灭菌物品不能堆得太满、太紧，以免影响温度均匀上升。

(2) 电烘箱内温度未降到70℃以前，切勿自行打开箱门，以免骤然降温导致玻璃器皿炸裂。

(3) 高温高压蒸汽灭菌锅使用前务必检查水位。

(4) 高温高压蒸汽灭菌锅使用过程中，应密切关注压力表的压力变化。

第五节　食品微生物生理生化反应

所有存在于活细胞中的生物化学反应称之为代谢。代谢过程主要是酶促反应过程。许多细菌产生胞外酶，这些酶从细胞中释放出来，以催化细胞外的化学反应。各种细菌由于具有不同的酶系统，致使它们能利用不同的底物，或虽然可以利用相同的底物，却产生不同的代谢产物，因此可以利用各种生理生化反应来鉴别细菌。生理生化特征是描述微生物分类特征的重要指标，是微生物分类的重要依据。

目前已有一些简单的试剂盒、自动化鉴定系统应用于微生物鉴定中，常用的有API试剂盒、Biolog系统。

一、糖类发酵试验

(一) 实验原理

根据细菌分解利用糖能力的差异表现出是否产酸产气鉴定菌种。是否产酸，可在糖发酵培养基中加入指示剂，经培养后根据指示剂的颜色变化来判断。是否产气，可在发酵培养基中放入倒置杜氏小管观察。

(二) 实验试剂

葡萄糖发酵培养液、乳糖发酵培养液。

(三) 实验器具

试管、锥形瓶、微量移液器、接种环、培养皿、培养箱。

(四) 实验操作

(1) 以无菌操作分别接种少量菌苔至葡萄糖和乳糖发酵培养基试管中。置37℃恒温箱中培养，培养24~48h，观察结果。

(2) 与对照管比较，若接种培养液保持原有颜色，其反应结果为阴性，表明该菌不能利用该种糖，记录用“-”表示；如培养液呈黄色，反应结果为阳性，表明该菌能分解该种糖产酸，记录用“+”表示。

培养液中的杜氏小管内有气泡为阳性反应，表明该菌分解糖能产酸并产气，记录用“+”表示；如杜氏小管内没有气泡为阴性反应，记录用“-”表示。

二、甲基红试验

(一) 实验原理

某些细菌能分解葡萄糖产生丙酮酸，并进一步分解丙酮酸产生甲酸、乙酸、乳酸等使pH下降至4.5以下，加入甲基红试剂后呈红色，为阳性。若分解葡萄糖产酸量少，或产生的酸进一步分解为其他非酸性物质，则pH在6.0以上，加入甲基红试剂后呈黄色，为阴性。该试验也称为M.R试验。

(二) 菌种与试剂

(1) 待检测菌种。

(2) 葡萄糖蛋白胨水溶液、甲基红指示剂。

(三) 实验器具

接种环、培养皿、试管、微量移液器、微型离心管、枪头、培养箱。

(四) 实验操作

(1) 以无菌操作将待测菌菌液按1%的接种量接种于葡萄糖蛋白胨水溶

液中，37℃培养24~48h。

（2）取培养液1mL，加入甲基红指示剂1~2滴。

（3）立即观察结果。阳性呈鲜红色；阴性为橘黄色（如果为阴性菌株，则可以适当延长培养时间）。

三、乙酰甲基甲醇试验

（一）实验原理

某些细菌在葡萄糖蛋白胨水培养液中能分解葡萄糖产生丙酮酸，丙酮酸缩合，脱羧成乙酰甲基甲醇，后者在强碱环境下，被空气中的氧气氧化为二乙酰，二乙酰与蛋白胨中的胍基生成红色化合物，称V.P（+）反应。

（二）菌种与试剂

（1）待检测菌种。

（2）葡萄糖蛋白胨水溶液、贝立脱试剂。

（三）实验器具

接种环、培养皿、试管、微量移液器、微型离心管、枪头、培养箱。

（四）实验操作

（1）将待测菌接种于葡萄糖蛋白胨水溶液中，37℃培养4d。

（2）在1mL培养液中先加入贝立脱试剂甲液0.6mL，再加乙液0.2mL，轻轻摇动，静置10~15min。

（3）观察结果。阳性菌呈现红色；若无红色出现，则静置于室温或37℃恒温箱，如果2h内仍不呈现红色，则判定为阴性。

四、七叶苷水解试验

（一）实验原理

七叶苷可以被细菌分解为葡萄糖和七叶素，七叶素与培养基中的Fe^{2+}反应，形成黑色化合物，使培养基变黑。

（二）培养基

七叶苷培养基。

（三）实验器具

平板、接种环、微量移液器、Eppendorf 管、枪头。

（四）实验操作

（1）将待检菌接种于七叶苷培养基上，30~35℃培养。

（2）分别于 1、2、3、7、14d 后观察。

（3）观察结果。细菌沿划线生长并使周边培养基变为褐色至黑色为阳性，否则为阴性。

五、过氧化氢试验

（一）实验原理

具有过氧化氢酶的细菌，能催化过氧化氢（H_2O_2）生成水和新生态氧，继而形成分子氧出现气泡，也称触酶试验。

（二）菌种与试剂

（1）待检测菌种。

（2）3%过氧化氢。

（三）实验器具

接种环、滴管。

（四）实验操作

直接滴加 3%过氧化氢于不含血液的细菌培养物中，立即观察，有大量气泡产生者为阳性，不产生气泡者为阴性。

六、淀粉酶试验

（一）实验原理

某些细菌可以产生分解淀粉的酶，把淀粉水解为麦芽糖或葡萄糖。淀粉水解后，遇碘不再变蓝色。

（二）培养基与试剂

（1）培养基（基础培养基中添加 2g/L 可溶性淀粉）。

（2）碘液。

（三）实验器具

接种环、试管、移液管、锥形瓶、培养皿。

（四）实验操作

将18~24h的纯培养物，点接于淀粉琼脂平板（一个平板可分区接种）或直接移种于淀粉肉汤中，于（36±1）℃培养24~48h，或于20℃培养5d。然后将碘试剂直接滴浸于培养表面，若为液体培养物，则加数滴碘试剂于试管中。立即观察结果，阳性反应（淀粉被分解）表现为菌落或培养物周围出现无色透明圈或肉汤颜色无变化。阴性反应则表现为无透明圈或肉汤呈深蓝色。

七、靛基质试验

（一）实验原理

有些细菌含有色氨酸酶，能分解蛋白胨中的色氨酸生成吲哚。吲哚本身没有颜色，不能直接看见，但当加入吲哚试剂（对二甲基氨基苯甲醛试剂）时，该试剂与吲哚作用，形成红色的玫瑰吲哚，所以也叫吲哚试验。

（二）培养基与试剂

（1）蛋白胨水培养基。

（2）二甲基氨基苯甲醛溶液、乙醚。

（三）实验器具

试管、微量移液器、培养箱。

（四）实验操作

（1）以无菌操作分别接种少量待测菌到蛋白胨水试管中，置37℃恒温箱中培养24~48h。

（2）在培养液中加入乙醚1~2mL，经充分振荡使吲哚萃取至乙醚中，静置片刻后乙醚层浮于培养液的上面，此时沿管壁缓慢加入5~10滴吲哚试剂（加入吲哚试剂后切勿摇动试管，以防破坏乙醚层影响结果观察）。

（3）如有吲哚存在，乙醚层呈现玫瑰红色，此为吲哚试验阳性反应，否则为阴性反应。

八、硫化氢试验

（一）实验原理

有些细菌能分解含硫的有机物，如胱氨酸、半胱氨酸、甲硫氨酸等产生硫化氢。硫化氢一遇培养基中的铅盐或铁盐等，就形成黑色的硫化铅或硫化铁沉淀物。

（二）培养基

硫化氢试验培养基（固体）。

（三）实验器具

试管、锥形瓶、微量移液器、接种环、培养皿、培养箱。

（四）实验操作

（1）以无菌操作用接种环挑取少量待测菌到试管做穿刺接种，置37℃恒温箱中培养24~48h。

（2）观察结果。培养基有黑色沉淀物为阳性，否则为阴性。

九、柠檬酸盐试验

（一）实验原理

有些细菌能够利用柠檬酸钠作为碳源，如产气肠杆菌；而另一些细菌则不能利用柠檬酸盐，如大肠埃希菌。细菌在分解柠檬酸盐后，产生碱性化合物，使培养基的pH升高，当培养基中加入1%溴麝香草酚蓝指示剂时，就会由绿色变为深蓝色。溴麝香草酚蓝的指示范围：pH小于6.0时呈黄色，pH在6.0~7.6时为绿色，pH大于7.6时呈蓝色。

（二）培养基

柠檬酸盐培养基（固体斜面）。

（三）实验器具

试管、锥形瓶、微量移液器、接种环、培养皿、培养箱。

（四）实验操作

（1）以无菌操作接种少量菌苔到相应柠檬酸盐试管斜面上做“之”字形划线，置37℃恒温箱中培养24～48h。

（2）观察结果。培养基变深蓝色为阳性，否则为阴性。

十、血浆凝固酶试验

（一）实验原理

有些细菌能产生血浆凝固酶，可以使人和动物血浆中的纤维蛋白原转化成纤维蛋白，从而使血浆凝固。

（二）实验试剂

血浆、生理盐水。

（三）实验器具

接种环、载玻片、滴管、试管、培养箱。

（四）实验操作

玻片法：取洁净载玻片1张，加生理盐水2小滴于载玻片两端，用接种环挑取待检菌落和对照菌均匀涂于盐水中，制成浓菌液，加兔或人血浆1滴于菌液中，观察结果。

试管法：于3支试管中分别加入1∶4稀释的血浆0.5mL，1支试管加入待检菌肉汤培养物0.5mL，另两支分别加阴、阳性对照菌肉汤培养物0.5mL，35℃培养3～4h后观察结果。

十一、β-半乳糖苷酶试验

（一）实验原理

乳糖发酵过程中需要乳糖通透酶和β-半乳糖苷酶才能快速分解。有些细菌只有半乳糖苷酶，因而只能迟缓发酵乳糖，所有乳糖快速发酵和迟缓发酵的细菌均可快速水解邻硝基酚-β-D-半乳糖苷（2-*Nitrophenyl*-*β*-*D*-*galactopyranoside*，ONPG）而生成黄色的邻硝基酚。用于枸橼酸菌属（*Citrobacter*）、亚利桑那菌属（*Arizona*）与沙门菌属（*Salmonella*）的鉴别。

（二）实验试剂

生理盐水、甲苯、ONPG 溶液。

（三）实验器具

接种环、滴管、试管、培养箱、水浴锅。

（四）实验操作

取新鲜细菌 1 环，加入到 0.25mL 的无菌生理盐水中，加 1 滴甲苯充分振动，37℃、5min，再加入无色 ONPG 溶液 0.25mL，置 37℃水浴，悬液变黄则为阳性，否则为阴性。

第六节　食品微生物染色技术

一、实验原理

染色是细菌学上的一个重要而基本的操作技术。因细菌个体很小，含水量较高，在油镜下观察细胞几乎与背景无反差，所以在观察细菌形态和结构时，都采用染色法，其目的是使细菌细胞吸附染料而带有颜色，易于观察。

细菌的简单染色法，是用一种染料处理菌体，此方法简单，易于掌握，适用于细菌的一般观察。常用碱性染料进行简单染色。这是因为在中性、碱性或弱碱性溶液中，细菌细胞通常带负电荷，而碱性染料在电离时，其分子的染色部分带正电荷，因此，碱性染料的染色部分很容易与细菌细胞结合使细菌着色。经染色后的细菌细胞与背景形成鲜明的对比，在显微镜下易于识别。

革兰染色法是细菌学上的一种重要的鉴别染色法。革兰染色法可把细菌区分为两大类，即革兰阳性（G+）和革兰阴性（G-）细菌，之所以有两种不同的结果，是因为细菌细胞壁结构和组成的差异造成的。

二、菌种与试剂

菌种：培养 24h 的大肠埃希菌和金黄色葡萄球菌为待测菌。

染色剂：亚甲蓝、结晶紫、碘液、番红、香柏油、二甲苯、生理盐水。

三、实验器具

载玻片、接种环、镊子、酒精灯、火柴、记号笔、显微镜、擦镜纸、吸水纸、记号笔。

四、实验操作

（一）简单染色

1. 涂片

滴一小滴生理盐水于载玻片中央，用接种环从斜面上挑出少许菌体，与水滴混合均匀，涂成极薄的菌膜。

2. 干燥

涂片后在室温下自然干燥，也可在酒精灯上略微加热，使之迅速干燥。

3. 固定

在酒精灯火焰外层尽快来回通过3～4次，并不时以载玻片背面触及手背，以不烫手适宜。

4. 染色

滴加结晶紫或其他染色液，覆盖载玻片涂菌部分，染色1min。

5. 水洗

用洗瓶以细小水流冲洗多余的染料。

6. 干燥

用吸水纸吸干菌层周围的水分、晾干或微热烘干。

7. 镜检

涂片干燥后进行镜检。

（二）革兰染色

1. 制片

取要观察的菌体进行常规涂片、干燥、固定，方法同简单染色操作中第1～3步骤。

2. 初染

在菌膜上覆盖草酸铵结晶紫，染色1～2min，细小水流水洗，直至流下的水没有颜色为止。

3. 媒染

用碘液冲去残水，并用碘液覆盖1min，细小水流水洗，直至流下的水没有颜色为止。

4. 脱色

用滴管流加95%的乙醇脱色，直到流下的乙醇无色为止，约20~30s，细小水流水洗去残留乙醇。

5. 复染

用番红复染液覆盖2min，细小水流水洗，直至流下的水没有颜色为止。

6. 镜检

用滤纸吸干或自然干燥，油镜检查。G+菌呈蓝紫色，G-菌呈红色。

五、注意事项

（1）涂片时应轻轻操作。

（2）涂片必须完全干燥后才能用油镜观察。

（3）革兰染色成败的关键是乙醇脱色。如脱色过度，革兰阳性菌也可被脱色而染成阴性菌；如脱色时间过短，革兰阴性菌也会被染成革兰阳性菌。脱色时间的长短还受涂片厚薄及乙醇用量等因素的影响，难以严格规定。

第七节　食品微生物形态观察

一、放线菌与霉菌的形态观察

（一）实验原理

放线菌是由纤细的、有分枝的菌丝构成，菌丝体为单细胞原核微生物。大多数放线菌的菌丝分化为营养菌丝和气生菌丝两部分。营养菌丝深入培养基中生长，气生菌丝则生长在培养基的表面，并向空中伸展。因此用普通方法制片，往往很难观察到放线菌的整体形态。必须采用适当的培养方法，以便将自然生长的放线菌能够直接置于显微镜下观察。通常采用的方法有玻璃纸培养法、插片法和印片法。

霉菌菌丝较粗大，细胞易收缩变形，而且孢子很容易飞散，所以制标本时常用乳酸石炭酸棉蓝染色液。此染色液制成的霉菌标本片特点：细胞不变形；具有杀菌防腐作用，且不易干燥，能保持较长时间；溶液本身呈蓝色，有一定染色效果。霉菌的菌丝、分生孢子梗和分生孢子的形态常作为分类的重要依据。

（二）菌种与试剂

菌种：培养 72~120h 的 5406 放线菌［细黄链霉菌（*Streptomyces microflavus*）］；培养 48~72h 的曲霉、青霉、根霉。

乳酸石炭酸棉蓝染色液、生理盐水、石炭酸复红染液、吕氏碱性亚甲蓝染液。

（三）实验器具

高氏 1 号培养基平板、土豆培养基平板或察氏培养基平板、接种环、载玻片、盖玻片、镊子、酒精灯等。

（四）实验操作

1. 放线菌形态观察

（1）放线菌自然生长状态的观察：将培养 3~4d 的放线菌培养皿打开，放在显微镜低倍镜下寻找菌落的边缘，直接观察菌丝、孢子丝和孢子。

（2）染色观察：①用接种铲或镊子连同培养基挑取放线菌菌苔置载玻片中央；②用另一载玻片将其压碎，弃去培养基，制成涂片，干燥、固定；③用吕氏碱性亚甲蓝染液或石炭酸复红染液染 0.5~1min，水洗；④干燥后，用油镜观察营养菌丝、孢子丝及孢子的形态。

2. 霉菌形态观察

（1）直接观察：将培养 3~4d 的霉菌培养皿打开，放在显微镜低倍镜下寻找菌落的边缘，直接观察菌丝、分生孢子梗和分生孢子。

（2）染色观察：于洁净载玻片上，滴 1 滴乳酸石炭酸棉蓝染色液，用镊子从霉菌菌落的边缘外取少量带有孢子的菌丝置染色液中，再细心地将菌丝挑散开，然后小心地盖上盖玻片，注意不要产生气泡。置显微镜下先用低倍镜观察，必要时再换高倍镜。

二、酵母菌的形态观察

（一）实验原理

酵母菌个体较大，常规涂片方法可能损伤细胞，因此用亚甲蓝染液水浸片法观察其出芽生殖。亚甲蓝染液的氧化形式为蓝色，还原形式无色。活细胞由于新陈代谢，细胞内还原性物质还原亚甲蓝而呈现无色，死细胞或代谢能力弱的细胞不能将亚甲蓝还原而呈现蓝色。

（二）菌种与试剂

（1）啤酒酵母菌悬液。

（2）吕氏碱性亚甲蓝染液。

（三）实验器具

显微镜、载玻片、盖玻片、滴管、试管、接种环、吸水纸、擦镜纸等。

（四）实验操作

（1）在载玻片中央加1滴吕氏碱性美蓝染色液，用滴管取1滴酵母菌菌液于染液中，混合均匀，加盖玻片。

（2）将制片放置约3min后镜检，先用低倍镜然后用高倍镜观察酵母菌的形态和出芽情况，并根据颜色区别死、活细胞。

（3）染色约0.5h后再次进行观察，观察死细胞数量是否增加。

三、注意事项

（1）放线菌生长速度较慢，培养期较长，应保证无菌操作。

（2）菌丝体必须充分展开。

（3）盖盖玻片时必须斜着缓慢放下，否则易在盖上形成气泡。

第五章　食品产品微生物学检验

第一节　肉与肉制品检验

一、肉的腐败变质

肉中含有丰富的营养物质，在常温下放置时间过长，就会发生品质变化，最后引起腐败。肉腐败主要是由微生物作用引起变化的结果。据研究，达到 5×10^7cfu/cm^2 微生物数量时，肉的表面便会明显的发黏，并能嗅到腐败的气味。肉内的微生物是在畜禽屠宰时，由血液及肠管侵入到肌肉里，当温度、水分等条件适宜时，便会高速繁殖而使肉质发生腐败。肉的腐败过程使蛋白质分解成蛋白胨、多肽、氨基酸，进一步再分解成氨、硫化氢酚、吲哚、粪臭素、胺及二氧化碳等，这些腐败产物具有浓厚的臭味，对人体健康有很大的危害。

对畜禽肉进行感官鉴别时，一般是按照如下顺序进行：首先是眼看其外观、色泽，特别注意肉的表面和切口处的颜色与光泽，是否色泽灰暗，是否存在淤血、水肿、囊肿和污染等情况；其次是嗅肉品的气味，不仅要了解肉表面上的气味，还应感知其切开时和试煮后的气味，注意是否有腥臭味；最后用手指按压，触摸以感知其弹性和黏度，结合脂肪以及试煮后肉汤的情况，对肉进行综合性的感官评价和鉴别。

肉在保存过程中，由于组织酶和外界微生物的作用，一般要经过僵直→成熟→自溶→腐败等一系列变化。

（一）热肉

动物在屠宰后初期，尚未失去体温时，称为热肉。热肉呈中性或略偏碱性，pH 为 7.0~7.2，富有弹性，因未经过成熟，鲜味较差，也不易消化。屠宰后的动物，随着正常代谢的中断，体内自体分解酶活性作用占优势，肌糖原在糖原分解酶的作用下，逐渐发生酵解，产生乳酸，一般宰后 1h，pH 降至 6.2~6.3，经 24h 后 pH 可降至 5.6~6.0。

(二) 肉的僵直

当肉的 pH 降至 6.7 以下时，肌肉失去弹性，变得僵硬，这种状态叫作肉的僵直。肌肉僵直出现的早晚和持续时间与动物的种类、年龄、环境温度、生前状态及屠宰方法有关。动物宰前过度疲劳，由于肌糖原大量消耗，尸僵往往不明显。处于僵直期的肉，肌纤维粗糙、强韧、保水性低，缺乏风味，食用价值及滋味都差。

(三) 肉的成熟

继僵直以后，肌肉开始出现酸性反应，组织比较柔软嫩化，具有弹性，切面富含水分，且有令人愉悦的香气和滋味，易于煮烂和咀嚼，这个肉的食用性改善的过程称为肉的成熟。成熟对提高肉的风味是完全必要的，成熟的速度与肉中肌糖原含量、贮藏温度等有密切关系。在 10~15℃下，2~3d 即可完成肉的成熟，在 3~5℃下需 7d 左右，0~2℃下则需 2~3 周才能完成。成熟好的肉表面形成一层干膜，能阻止肉表面的微生物向深层组织蔓延，并能阻止微生物在肉表面生长繁殖。肉在成熟过程中，主要是糖酵解酶类及无机磷酸化酶在发挥作用。

(四) 肉的自溶

由于肉的保藏不当，肉中的蛋白质在自身组织蛋白酶的催化作用下发生分解，这种现象叫作肉的自溶。自溶过程只将蛋白质分解为可溶性氮及氨基酸为止。由于成熟和自溶阶段的分解产物为腐败微生物的生长繁殖提供了良好的营养物质，微生物大量繁殖，必然导致肉的腐败分解，腐败分解的生成物有腐胺、硫化氢、吲哚等，使肉带有强烈的臭味，胺类有很强的生理活性，这些都可能影响消费者的健康，且肉成分的分解必然使其营养价值显著降低。

二、鲜肉中的微生物及其检验

(一) 鲜肉中微生物的来源

一般情况下，健康动物的胴体，尤其是深部组织，本应是无菌的，但从解体到消费要经过许多环节，因此不可能保证绝对无菌。鲜肉中微生物的来源与许多因素有关，如动物生前的饲养管理条件、机体健康状况及屠宰加工的环境条件、操作程序等。

1. 宰前微生物的污染

健康动物的体表及一些与外界相通的腔道，某些部位的淋巴结内都不同程度地存在着微生物，尤其在消化道内的微生物类群更多。通常情况下，这些微生物不侵入肌肉等机体组织中，在动物机体抵抗力下降后，某些病原性或条件致病性微生物，如沙门菌，可进入淋巴液、血液，并侵入到肌肉组织或实质脏器；有些微生物可经体表的创伤、感染而侵入深层组织。

患传染病或处于潜伏期，相应的病原微生物可能在生前即蔓延于肌肉和内脏器官，如炭疽杆菌、猪丹毒杆菌、多杀性巴氏杆菌、耶尔森菌等。

动物在运输、宰前等过程中，由于过度疲劳、拥挤、饥渴等，会因为个别病畜或带菌动物传播病原微生物，造成宰前对肉品的污染。

2. 屠宰过程中微生物的污染

污染主要来自健康动物的皮肤和毛上的微生物、胃肠道内的微生物、呼吸道和泌尿生殖道中的微生物、屠宰加工场所的污染状况等。此外，鲜肉在分割、包装、运输、销售、加工等各个环节，也存在微生物的污染问题。通过宰前对动物进行淋浴或水浴，坚持正确操作及个人卫生控制，可以有效减少过程污染。

（二）鲜肉中常见的微生物类群

鲜肉中的微生物来源广泛，种类甚多，包括真菌、细菌、病毒等，可分为致病性微生物、致腐性微生物及食物中毒性微生物三大类群。

1. 致腐性微生物

致腐性微生物是在自然界里广泛存在的一类寄生于死亡动植物，能产生蛋白分解酶，使动植物组织发生腐败分解的微生物，包括细菌和真菌等，可引起肉品腐败变质。

细菌是造成鲜肉腐败的主要微生物，常见的致腐性细菌主要如下。

（1）革兰阳性、产芽孢需氧菌如蜡样芽孢杆菌、小芽孢杆菌、枯草杆菌等。

（2）革兰阴性、无芽孢细菌如阴沟产气杆菌、大肠杆菌、奇异变形杆菌、普通变形杆菌、绿脓假单胞杆菌、荧光假单胞菌、腐败假单胞菌等。

(3) 革兰阳性球菌如凝聚性细球菌、嗜冷细球菌、淡黄绥茸菌、金黄八联球菌、金黄色葡萄球菌、粪链球菌等。

(4) 厌氧性细菌如腐败梭状芽孢杆菌、双酶梭状芽孢杆菌、溶组织梭状芽孢杆菌、产芽孢梭状芽孢杆菌等。

真菌在鲜肉中不仅没有细菌数量多，而且分解蛋白质的能力也较细菌弱，生长较慢，在鲜肉变质中起一定作用。经常可从肉上分离到的真菌有交链霉、翻霉、青霉、枝孢霉、毛霉、芽孢发霉，其中以毛霉及青霉为最多。肉的腐败，通常由外界环境中的需氧菌污染肉表面开始，然后沿着结缔组织向深层扩散，因此肉品腐败的发展取决于微生物的种类、外界条件（温度、湿度）以及侵入部位。在1~3℃时，主要生长的为嗜冷菌，如无色杆菌、气杆菌、产碱杆菌、色杆菌等，菌相随肉的深度发生改变，仅嗜氧菌能在肉表面发育，到较深层时，厌氧菌处于优势。

2. 致病性微生物

人畜共患病的病原微生物，如细菌中的炭疽杆菌、布氏杆菌、李氏杆菌、鼻疽杆菌、土拉杆菌、结核分枝杆菌、猪丹毒杆菌等，病毒中的口蹄疫病毒、狂犬病病毒、水泡性口炎病毒等。另外有仅感染畜禽的病原微生物，常见的有多杀性巴氏杆菌、坏死杆菌、猪瘟病毒、兔病毒性出血症病毒、鸡新城疫病毒、鸡传染性支气管炎病毒、鸡传染性法氏囊病毒、鸡马立克氏病毒、鸭瘟病毒等。

3. 中毒性微生物

有些致病性微生物或条件致病性微生物，污染食品后产生大量毒素，从而引起以急性过程为主要特征的食物中毒。常见的致病性细菌如沙门菌、志贺菌、致病性大肠杆菌等；常见的条件致病菌如变形杆菌、蜡样芽孢杆菌等。有的细菌可在肉品中产生强烈的外毒素或产生耐热的肠毒素，也有的细菌在随食品大量进入消化道的过程中，能迅速形成芽孢，同时释放肠毒素，如蜡样芽孢杆菌、肉毒梭菌、魏氏梭菌等。常见的致食物中毒性微生物如链球菌、空肠弯曲菌、小肠结肠炎耶尔森菌等。另外有一些真菌在肉中繁殖后产生毒素，可引起各种毒素中毒，如麦角菌、赤霉、黄曲霉、黄绿青霉、毛青霉、冰岛青霉等。

（三）鲜肉中微生物的检验

肉的腐败是由于微生物大量繁殖，导致蛋白质分解的结果，故检查肉的微生物污染情况，不仅可判断肉的新鲜程度，而且可反映肉在生产、运输、销售过程中的卫生状况，为及时采取有效措施提供依据。

1. 样品的采集及处理

屠宰后的畜肉开膛后，用无菌刀采取两腿内侧肌肉各150g（或者劈半后采取两侧背最长肌各150g）；冷藏或售卖的生肉，用无菌刀采取腿肉或其他肌肉250g。采取后放入无菌容器，立即送检，如果条件不允许，最好不超过3h。送样时应冷藏，不加入任何防腐剂，检样进入化验室应立即检验或者冰箱暂存。

处理时先将样品放入沸水中3～5s进行表面灭菌，再用无菌剪刀剪碎，取25g，放入灭菌乳钵内用灭菌剪子剪碎后，加灭菌海砂或者玻璃砂研磨，磨碎后用灭菌水225mL混匀，即为1∶10稀释液。

禽类采取整只，放入灭菌器内。进行表面消毒，再用无菌剪刀去皮，剪取肌肉25g（一般可从胸部或腿部剪取），然后同上研磨、稀释。

2. 微生物检验

菌落总数测定、大肠菌群测定及病原微生物检查，均按国家规定方法进行。

3. 鲜肉压印片镜检

依据要求从不同部位取样，再从样品中切取3cm^3左右的肉块，表面消毒，将肉样切成小块，用镊子夹取小肉块在载玻片上做成压印，用火焰固定或用甲醇固定，瑞士染液（或革兰）染色、水洗、干燥、镜检。

4. 鲜肉质量鉴别后的食用原则

鲜肉在腐败的过程中，由于组织成分被分解，首先使肉品的感官性状发生令人难以接受的改变，因此借助于人的感官来鉴别其质量优劣，具有很重要的现实意义。经感官鉴别后的鲜肉，可按如下原则来食用或处理。

（1）新鲜或优质的肉及肉制品，可供食用并允许出售，可以不受限制。

（2）次鲜或次质的肉及肉制品，根据具体情况进行必要的处理。对稍不新鲜的，一般不限制出售，但要求货主尽快销售完，不宜继续保存；对有腐败气味的，须经修整、剔除变质的表层或其他部分后，再经过高温处理，方可供应食用及销售。

(3) 腐败变质的肉，禁止食用和出售，应予以销毁或改作工业用。

三、冷藏肉中的微生物及其检验

(一) 冷藏肉中微生物的来源及类群

冷藏肉的微生物来源，以外源性污染为主，如屠宰、加工、贮藏及销售过程中的污染。肉类在低温下贮存，能抑制或减弱大部分微生物的生长繁殖。嗜冷性细菌，尤其是霉菌，常可引起冷藏肉的污染与变质。能耐低温的微生物还是相当多的，如沙门菌在-18℃可存活 144d，猪瘟病毒于冻肉中能存活 366d，炭疽杆菌在低温下也可存活，霉菌孢子在-8℃也能发芽。

冷藏肉类中常见的嗜冷细菌有假单胞杆菌、莫拉氏菌、不动杆菌、乳杆菌及肠杆菌科的某些菌属，尤其以假单胞菌最为常见。常见的真菌有球拟酵母、隐球酵母、红酵母、假丝酵母、毛霉、根霉、枝霉、枝孢霉、青霉等。

冻藏时和冻藏前污染于肉类表面并被抑制的微生物，随着环境温度的升高而逐渐生长发育，解冻肉表面的潮湿和温暖，肉解冻时渗出的组织液为微生物提供了丰富的营养物质等原因可导致解冻肉在较短时间内即可发生腐败变质。

(二) 冷藏肉中的微生物变化引起的现象

在冷藏温度下，高湿度有利于假单胞菌、产碱类菌的生长，较低的湿度适合微球菌和酵母的生长，如果湿度更低，霉菌则生长于肉的表面。

肉表面产生灰褐色改变或形成黏液样物质：在冷藏条件下，嗜温菌受到抑制，嗜冷菌如假单胞菌、明串珠菌、微球菌等继续增殖，使肉表面产生灰褐色改变，尤其在温度尚未降至较低的情况下，降温较慢，通风不良，可能在肉表面形成黏液样物质，手触有滑感，甚至起黏丝，同时散发出一种陈腐味，甚至恶臭。

有些细菌产生色素，改变肉的颜色：如肉中的“红点”可由黏质沙雷菌产生的红色色素引起，类蓝假单胞菌能使肉表面呈蓝色；微球菌或黄杆菌属的菌种能使肉变黄；蓝黑色杆菌能在牛肉表面形成淡绿蓝色甚至淡褐黑色的斑点。

在有氧条件下，酵母也能于肉表面生长繁殖，引起肉类发黏、脂肪水解、产生异味和使肉类变色（白色、褐色等）。

（三）冷藏肉中微生物的检验

1. 样品的采集

禽类采取整只，放入灭菌器内，禽肉采样应按五点拭子法从光禽体表采集。家畜冻藏胴体肉在取样时应尽量使样品具有代表性，一般以无菌方法分别从颈、肩胛、腹及臀股部的不同深度上多点采样，每一点取一方形肉块，重 50~100g。

2. 样品的处理

应在无菌条件下将冻肉样品迅速解冻。由各检验肉块的表面和深层分别制得触片，进行细菌镜检；然后再对各样品进行表面消毒处理，以无菌手续从各样品中间部位取出 25g，剪碎、匀浆，并制备稀释液。

3. 微生物检验

为判断冷藏肉的新鲜程度，单靠感官指标往往不能对腐败初期的肉品做出准确判定，必须通过实验室检查，其中细菌镜检简便、快速，通过对样品中的细菌数目、染色特性以及触片色度三个指标的镜检，即可判定肉的品质，同时也能为细菌、霉菌及致病菌等的检验提供必要的参考依据。

（1）触片制备：从样品中切取 $3cm^3$ 左右的肉块，浸入酒精中并立即取出点燃灼烧，如此处理 2~3 次，从表层下 0.1cm 处及深层各剪取 $0.5cm^3$ 大小的肉块，分别进行触片或抹片制作。

（2）染色镜检：将已干燥好的触片用甲醇固定 1min，进行革兰染色后，油镜观察 5 个视野。同时分别计算每个视野的球菌和杆菌数，然后求出一个视野中细菌的平均数。

（3）鲜度判定：新鲜肉触片印迹着色不良，表层触片中可见到少数的球菌和杆菌；深层触片无菌或偶见个别细菌；触片上看不到分解的肉组织。次新鲜肉触片印迹着色较好，表层触片上平均每个视野可见到 20~30 个球菌和少数杆菌；深层触片也可见到 20 个左右的细菌；触片上明显可见到分解的肉组织。变质肉触片印迹着色极浓，表层及深层触片上每个视野均可见到 30 个以上的细菌，且大都为杆菌；严重腐败的肉几乎找不到球菌，而杆菌可多至每个视野数百个或不可计数；触片上有大量分解的肉组织。

其他微生物检验可根据实验目的分别进行菌落总数测定、霉菌总数测定、大肠菌群检验及有关致病菌的检验等。

四、肉制品中的微生物及其检验

肉制品的种类很多，一般包括腌腊制品（如腌肉、火腿、腊肉、熏肉、香肠、香肚等）和熟制品（如烧烤、酱卤的熟制品及肉松、肉干等脱水制品）。由于加工原料、制作工艺、贮存方法各有差异，因此各种肉制品中的微生物来源与种类也有较大区别。

（一）肉制品中的微生物来源

1. 熟肉制品中的微生物来源

加热不完全，肉块过大或未完全烧煮透时，一些耐热的细菌或细菌的芽孢仍然会存活下来，如嗜热脂肪芽孢杆菌、微球菌属、链球菌属、小杆菌属、乳杆菌属、芽孢杆菌及梭菌属的某些种，还有某些霉菌如丝衣霉菌等。通过操作人员的手、衣物、呼吸道和贮藏肉的不洁用具等使其重新受到污染。通过空气中的尘埃、鼠类及蝇虫等为媒介而污染各种微生物。由于肉类导热性较差，表层的微生物极易生长繁殖，并不断向深层扩散。

2. 灌肠制品中的微生物来源

灌肠制品种类很多，如香肠、肉肠、粉肠、红肠、雪肠、火腿肠及香肚等。此类肉制品原料较多，由于各种原料的产地、贮藏条件及产品质量不同，以及加工工艺的差别，对成品中微生物的污染都会产生一定的影响。绞肉的加工设备、操作工艺，原料肉的新鲜度以及绞肉的贮存条件和时间等，都对灌肠制品产生重要影响。

3. 腌腊制品中的微生物来源

常见的腌腊制品有咸肉、火腿、腊肉、板鸭、风鸡等。微生物来源于两方面：一个是原料肉的污染；另一个与盐水或盐卤中的微生物数量有关（盐水和盐卤中，微生物大都具有较强的耐盐或嗜盐性，如假单胞菌属、不动杆菌属、盐杆菌属、嗜盐球菌属、黄杆菌属、无色杆菌属、叠球菌属、微球菌属的某些细菌及某些真菌），其中弧菌和脱盐微球菌是最典型的。许多人类致病菌，如金黄色葡萄球菌、魏氏梭菌和肉毒梭菌可通过盐渍食品导致人们的食物中毒。

腌腊制品的生产工艺、环境卫生状况及工作人员的素质对这类肉制品的污染都具有重要意义。

（二）肉制品中的微生物类群

1. 熟肉制品

常见的有细菌和真菌，细菌如葡萄球菌、微球菌、革兰阴性无芽孢杆菌中的大肠杆菌、变形杆菌，还可见到需氧芽孢杆菌，如枯草杆菌、蜡样芽孢杆菌等；常见的真菌有酵母菌属、毛霉菌属、根霉属及青霉菌属等。

2. 灌肠类制品

耐热性链球菌、革兰阴性杆菌及需氧芽孢杆菌属、梭菌属的某些菌类，某些酵母菌及霉菌。这些菌类可引起灌肠制品变色、发霉或腐败变质，如大多数异型乳酸发酵菌和明串珠菌能使香肠变绿。

3. 腌腊制品

多以耐盐或嗜盐的菌类为主，弧菌是极常见的细菌，也可见到微球菌、异型发酵乳杆菌、明串珠菌等。一些腌腊制品中可见到沙门菌、致病性大肠杆菌、副溶血性弧菌等致病性细菌；一些酵母菌和霉菌也是引起腌腊制品发生腐败、霉变的常见菌类。

（三）肉制品的微生物检验

1. 样品的采集与处理

（1）采集。肉制品一般采样250g，熟禽一般采整只，放入灭菌容器内，立即送检。熟肉制品（酱卤肉、肴肉）、灌肠类、腌腊制品、肉松等，都采集整根、整只，小型可以采集数只，总量不少于250g。

（2）处理。直接切取或称取25g，检样进行表面消毒（沸水内烫3～5s，或者烧灼消毒），再用无菌剪子剪取深层肌肉25g，放入灭菌乳钵内用灭菌剪子剪碎后，加灭菌海砂或者玻璃砂研磨，磨碎后用灭菌水225mL混匀，即为1∶10稀释液。

（3）棉拭采样法和检样处理。烧烤肉块制品用无菌棉拭子进行6面 $50cm^2$ 取样，即正面擦拭 $20cm^2$，周围四边各拭 $5cm^2$，背面（里面）拭 $10cm^2$。

烧烤禽类制品用无菌棉拭子做5点 $50cm^2$ 取样，即在胸腹部各拭 $10cm^2$，背部拭 $20cm^2$，头颈及肛门各拭 $5cm^2$。

一般可用板孔 $5cm^2$ 的金属制规板，压在受检物上，将灭菌棉拭稍蘸湿，在板孔 $5cm^2$ 的范围内揩抹多次，然后将规板移压另一点，另一支再用无菌棉拭揩抹，如此反复无移压揩抹 10 次，总面积为 $50cm^2$，每次更换新的无菌棉拭。每支棉拭在揩抹完毕后立即剪断或烧断后投入盛有 50mL 灭菌水的三角瓶中，立即送检。检验时先摇匀，再吸取瓶中液体作为原液，然后进行 10 倍递增稀释。对于检验致病菌，不必用规板，可疑部位用棉拭揩抹即可。

2. 微生物检验

根据不同肉制品中常见的不同类群微生物，采用国标方法检验菌落总数、大肠菌群、沙门菌、志贺菌、金黄色葡萄球菌。

第二节　乳与乳制品检验

原料乳卫生质量的优劣直接关系到乳与乳制品的质量。原料的卫生质量问题主要是病牛乳（结核病、乳房炎牛的乳）、高酸乳、胎乳、初乳、应用抗生素 5d 内的乳、掺伪乳以及变质乳等。微生物的污染是引起乳与乳制品变质的重要原因。在乳与乳制品加工过程中的各个环节，如灭菌、过滤、浓缩、发酵、干燥、包装等，都可能因为不按操作规程生产加工而造成微生物污染。所以在乳与乳制品的加工过程中，对所有接触到乳与乳制品的容器、设备、管道、工具、包装材料等都要进行彻底灭菌，防止微生物的污染，以保证产品质量。另外在加工过程中还要防止机械杂质和挥发性物质（如汽油）等的混入和污染。

乳营养丰富，特别适合细菌生长繁殖。乳一旦被微生物污染，在适宜条件下，微生物可迅速增殖，引起乳的腐败变质，乳如果被致病性微生物污染，还可引起食物中毒或其他传染病的传播。微生物的种类不同，可以引起乳的不同的变质现象，了解其中的变化规律可以更好地控制乳品生产，为人类提供更多更好的乳制品。

乳与乳制品的微生物学检验包括细菌总数测定、大肠菌群测定和鲜乳中病原菌的检验。菌落总数反映鲜乳受微生物污染的程度；大肠菌群说明鲜乳可能被肠道菌污染的情况；乳与乳制品绝不允许被检出病原菌。

一、鲜乳中的微生物

乳非常容易受微生物污染而变质，污染乳的微生物可来自乳畜本身及生产加工的各个环节。

（一）鲜乳中微生物的来源

1. 乳房

一般情况下，乳中的微生物主要来源于外界环境，而非乳房内部，但微生物常常污染乳头开口并蔓延至乳腺管及乳池。挤乳时，乳汁将微生物冲洗下来带入鲜乳中，一般情况下最初挤出的乳含菌数比最后挤出的多几倍。

2. 乳畜体表

乳畜体表及乳房上常附着粪屑、垫草、灰尘等，挤乳时不注意操作卫生，这些带有大量微生物的附着物就会落入乳中，造成严重污染。这些微生物多为芽孢杆菌和大肠杆菌。

3. 容器和用具

乳生产中所使用的容器及用具，如乳桶、挤乳机、滤乳布和毛巾等不清洁，是造成污染的重要原因，特别是在夏秋季节。

4. 空气

畜舍内漂浮的灰尘中常常含有许多微生物，通常空气中含有细菌50~100个/L，有些尘土则可达1000个/L以上，其中多数为芽孢杆菌及球菌，此外也含有大量的霉菌孢子。空气中的尘埃落入乳中即可造成污染。

5. 水源

用于清洗牛乳房、挤乳用具和乳槽所用的水是乳中细菌的一个来源，井、泉、河水可能受到粪便中细菌的污染，也可能受土壤中细菌的污染，主要是一定数量的嗜冷菌。

6. 蝇、蚊等昆虫

蝇、蚊有时会成为最大的污染源，特别是夏秋季节，由于苍蝇常在垃圾或粪便上停留，所以每只苍蝇体表可存在几百万甚至几亿个细菌，其中包括各种致病菌，当其落入乳中时就可把细菌带入乳中造成污染。

7. 饲料及褥草

乳被饲料中的细菌污染，主要是挤乳前分发干草时，附着在干草上的细菌随同灰尘、草屑等飞散在厩舍的空气中，既污染了牛体，又污染了所有用具，或挤乳时直接落入乳桶，造成对乳的污染。此外，往厩舍内搬入褥草时，特别是灰尘多的碎褥草，舍内空气可被大量的细菌所污染，因此成为乳被细菌污染的来源。混有粪便的褥草，往往污染乳牛的皮肤和被毛，从而造成对乳的污染。

8. 工作人员

乳业工作人员，特别是挤乳员的手和服装，常成为乳被细菌污染的来源。

(二) 鲜乳中的微生物类群

鲜乳中污染的微生物有细菌、酵母和霉菌等多种类群。但最常见的，而且活动占优势的微生物主要是一些细菌。

(1) 能使鲜乳发酵产生乳酸的细菌，这类细菌包括乳酸杆菌和链球菌两大类，约占鲜乳内微生物总数的80%。

(2) 能使鲜乳发酵产气的细菌，这类微生物能分解碳水化合物，生成乳酸及其他有机酸，并产生气体（二氧化碳和氢气），使牛乳凝固，产生多孔气泡，并产生异味和臭味。如大肠菌群、丁酸菌类、丙酸细菌等。

(3) 分解鲜乳蛋白而发生胨化的细菌，这类腐败菌能分泌凝乳酶，使乳液中的酪蛋白发生凝固，然后又发生分解，使蛋白质水解胨化，变为可溶性状态。如假单胞菌属、产碱杆菌属、黄杆菌属、微球菌属等。

(4) 使鲜乳呈碱性的细菌，主要有粪产碱菌和黏乳产碱菌，这两种菌分解柠檬酸盐为碳酸盐，使鲜乳呈碱性。

(5) 引起鲜乳变色的细菌，正常鲜乳呈白色或略带黄色，由于某些细菌的作用可使乳呈现不同颜色。

(6) 鲜乳中的嗜冷菌和嗜热菌，主要是一些荧光细菌、霉菌等。嗜热细菌主要是芽孢杆菌属内的某些菌种和一些嗜热性球菌等。

(7) 鲜乳中的霉菌和酵母菌霉菌，以酸腐节卵孢霉最为常见，其他还有乳酪节卵孢霉、多主枝孢霉、灰绿青霉、黑含天霉、异念球霉、灰绿曲霉和黑曲霉等。鲜乳中常见酵母为脆壁酵母、洪氏球拟酵母、高加索乳酒球拟酵母、球拟酵母等。

(8) 鲜乳中可能存在的病原菌，包括来自乳畜的病原菌，乳畜本身患传染病或乳房炎时，在乳汁中常有病原菌存在；来自工作人员患病或是带菌者，使鲜乳中带有某些病原菌；来自饲料被霉菌污染所产生的有毒代谢产物，如乳畜长期食用含有黄曲霉毒素的饲料。

二、乳制品中的微生物

乳除供鲜食外，还可制成多种制品，乳制品不但具有保存期长和便于运输等优点，而且丰富了人们的生活。常见的乳制品有乳粉、炼乳、酸乳及奶油等。

（一）乳粉中的微生物

乳粉是以鲜乳为原料，经消毒、浓缩、喷雾干燥而制成的粉状产品。可分为全脂乳粉、脱脂乳粉、加糖乳粉等。在乳粉制作过程中，绝大部分微生物被清除或杀死，又因乳粉含水量低，不利于微生物存活，故经密封包装后细菌不会繁殖。因此，乳粉中含菌量不高，也不会有病原菌存在。但如果原料乳污染严重，加工不规范，乳粉中含菌量会很高，甚至有病原菌出现。

乳粉在浓缩干燥过程中，外界温度高达150~200℃，但乳粉颗粒内部温度只有60℃左右，其中会残留一部分耐热菌；喷粉塔用后清扫不彻底，塔内残留的乳粉吸潮后会有细菌生长繁殖，成为污染源；乳粉在包装过程中接触的容器、包装材料等可造成第二次污染；原料乳污染严重是乳粉中含菌量高的主要原因。

乳粉中污染的细菌主要有耐热的芽孢杆菌、微球菌、链球菌、棒状杆菌等。乳粉中可能有病原菌存在，最常见的是沙门菌和金黄色葡萄球菌。

（二）酸乳制品中的微生物

酸乳制品是鲜乳制品经过乳酸菌类发酵而制成的产品，如普通酸乳、嗜酸菌乳、保加利亚酸乳、强化酸乳、加热酸乳、果味酸牛乳、酸乳酒、马乳酒等都是营养丰富的饮料，其中含有大量的乳酸菌、活性乳酸及其他营养成分。

酸乳饮料能刺激胃肠分泌活动，增强胃肠蠕动，调整胃肠道酸碱平衡，抑制肠道内腐败菌群的生长繁殖，维持胃肠道正常微生物区系的稳定，预防和治疗胃肠疾病，减少和防止组织中毒，是良好的保健饮料。

（三）干酪中的微生物

干酪是用皱胃酶或胃蛋白酶将原料乳凝集，再将凝块进行加工、成型和发酵成熟而制成的一种营养价值高、易消化的乳制品。在生产干酪时，由于原料乳品质不良，消化不彻底，或加工方法不当，往往会使干酪被各种微生物污染而引起变质。

干酪常见的变质现象如下。

（1）膨胀：这是由于大肠杆菌类等有害微生物利用乳糖发酵产酸产气而使干酪膨胀，并常伴有不良味道和气味。干酪成熟初期发生膨胀现象，常常是由大肠杆菌之类的微生物引起的。如在成熟后期发生膨胀，多半是由于某些酵母菌和丁酸菌引起的，并有显著的丁酸味和油腻味。

（2）腐败：当干酪盐分不足时，腐败菌即可生长，使干酪表面湿润发黏，甚至整块干酪变成黏液状，并有腐败气味。

（3）苦味：由苦味酵母、液化链球菌、乳房链球菌等微生物强力分解蛋白质后，使干酪产生不快的苦味。

（4）色斑：干酪表面出现铁锈样的红色斑点，可能由植物乳杆菌红色变种或短乳杆菌红色变种所引起。黑斑干酪、蓝斑干酪也是由某些细菌和霉菌所引起的。

（5）发霉：干酪容易受霉菌污染而引起发霉，引起干酪表面颜色变化，产生霉味，还有的可能产生霉菌毒素。

（6）致病菌：乳干酪在制作过程中，受葡萄球菌污染严重时，就能产生肠毒素，这种毒素在干酪中长期存在，食后会引起食物中毒。

三、婴儿乳粉中克罗诺杆菌属（阪崎肠杆菌）的检验

阪崎肠杆菌是存在于自然环境中的一种条件致病菌，已被世界卫生组织和许多国家确定为导致婴幼儿死亡的致病菌之一。2008 年，Iversen 等通过荧光扩增片段长度多态性、自动核糖体分型、16SrRNA 基因测序、DNA-DNA 杂交和表型阵列等多种分子生物学技术研究，将该菌由种（阪崎肠杆菌）扩大为属（克罗诺杆菌属），这个属目前包括 7 个种。自 1961 年报道了由阪崎肠杆菌引起的败血症以来，在世界范围内报道了由该菌引起的脑膜炎、小肠坏死和败血症。有调查表明，2.5~15%的婴儿配方乳粉和 0~12%的普通乳粉中含有阪崎肠杆菌。阪崎肠杆菌主要在新生儿或早产婴儿中引起病症。在某些情况下死亡率达到 80%。因此，阪崎肠杆菌在乳粉中的传播过程备受关注。

（一）第一法克罗诺杆菌属定性检验

1. 培养基和试剂

（1）缓冲蛋白胨水（buffer peptone water，BPW）。

（2）改良月桂基硫酸盐胰蛋白胨肉汤—万古霉素（modified lauryl sulfate tryptose brothvancomycin medium，mLST-Vm）。

（3）阪崎肠杆菌显色培养基。

（4）胰蛋白胨大豆琼脂（trypticase soy agar，TSA）。

（5）生化鉴定试剂盒。

（6）氧化酶试剂。

（7）L-赖氨酸脱羧酶培养基。

（8）L-鸟氨酸脱羧酶培养基。

（9）L-精氨酸双水解酶培养基。

（10）糖类发酵培养基。

（11）西蒙氏柠檬酸盐培养基。

2. 检验流程

克罗诺杆菌属检验操作程序见图 5-1。

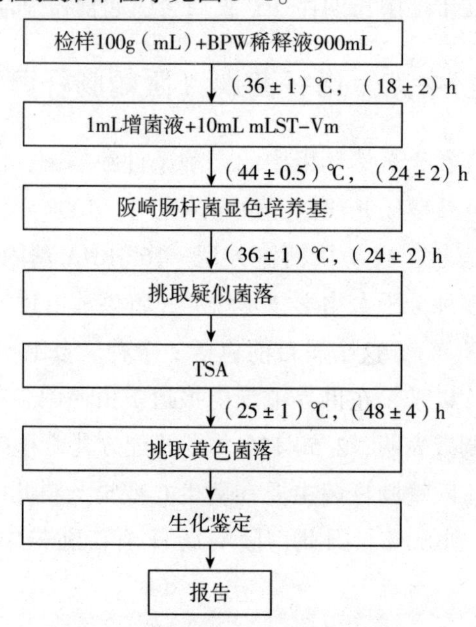

图 5-1 克罗诺杆菌属检验操作程序

3. 操作流程

(1) 前增菌和增菌：取检样 100g（或 100mL 置灭菌锥形瓶中，）加入 900mL 已预热至 44℃的缓冲蛋白胨水，用手缓缓地摇动至充分溶解，(36±1)℃培养（18±2）h。移取 1mL 转种于 10mL mLST-Vm 肉汤，(44±0.5)℃培养（24±2）h。

(2) 分离：轻轻混匀 mLST-Vm 肉汤培养物，各取增菌培养物 1 环，分别划线接种于两个阪崎肠杆菌显色培养基平板，(36±1)℃培养（24±2）h。挑取至少 5 个可疑菌落，不足 5 个时挑取全部可疑菌落，划线接种于 TSA 平板，(25±1)℃培养（48±4）h。

(3) 鉴定：自 TSA 平板上直接挑取黄色可疑菌落，进行生化鉴定。克罗诺杆菌属的主要生化特征见表 5-1。可选择生化鉴定试剂盒或全自动微生物生化鉴定系统。

表 5-1 克罗诺杆菌属细菌的生化特性

生化试验	特征	生化试验	特征
黄色素产生	+	D-山梨醇发酵	(-)
氧化酶		L-鼠李糖发酵	+
L-赖氨酸脱羧酶		D-蔗糖发酵	+
L-鸟氨酸脱羧酶	(+)	D-蜜二糖发酵	+
L-精氨酸双水解酶	+	苦杏仁苷发酵	
柠檬酸水解	(+)		

注：+表示>99%阳性；-表示>99%阴性；(+) 表示 90%~99%阳性；(-) 表示 90%~99%阴性。

4. 结果与报告

综合菌落形态和生化特征，报告每 100g（mL）样品中检出或未检出克罗诺杆菌属。

(二) 第二法克罗诺杆菌属的计数

1. 培养基和试剂

同第一法。

2. 操作步骤

(1) 样品的稀释。

①固体和半固体样品：无菌称取样品 100g、10g、1g 各三份，分别加入

900mL、90mL、9mL 已预热至 44℃的 BPW 中，轻轻振摇使充分溶解，制成 1：10 样品匀液，置（36±1）℃培养（18±2）h。分别移取 1mL 转种于 10mL mLST-Vm 肉汤，(44±0.5)℃培养（24±2）h。

②液体样品：以无菌吸管分别取样品 100mL、10mL、1mL 各三份，分别加入 900mL、90mL、9mL 已预热至 44℃的 BPW 中，轻轻振摇使充分混匀，制成 1：10 样品匀液，置（36±1）℃培养（18±2）h。分别移取 1mL 转种于 10mL mLST-Vm 肉汤，(44±0.5)℃培养（24±2）h。

（2）分离、鉴定同第一法。

3. 结果与报告

综合菌落形态、生化特征，根据证实为克罗诺杆菌属的阳性管数，查 MPN 检索表，报告每 100g（mL）样品中克罗诺杆菌属的 MPN 值。

四、双歧杆菌的检验

双歧杆菌（Bifidobacterium）最适宜的生长温度为 37~41℃，最低生长温度为 25~28℃，最高生长温度为 43~45℃，初始最适 pH6.5~7.0，在 pH4.5~5.0 或 pH8.0~8.5 不生长。其细胞呈现多样形态，有短杆较规则形、纤细杆状具有尖细末端、球形、长杆弯曲形、分支或分叉形、棍棒状或匙形。单个或链状、V 形、栅栏状排列或聚集成星状。革兰阳性，不抗酸，不形成芽孢，不运动。双歧杆菌的菌落光滑、凸圆、边缘整齐，乳脂呈白色，闪光并具有柔软的质地。双歧杆菌是人体内的正常生理性细菌，定植于肠道内，是肠道的优势菌群，占婴儿消化道菌丛的 92%。该菌与人体终生相伴，其数量的多少与人体健康密切相关，是目前公认的一类对机体健康有促进作用的代表性有益菌。该菌可以在肠里膜表面形成一个生理性屏障，从而抵御伤寒沙门菌、致泻性大肠杆菌、痢疾志贺菌等病原菌的侵袭，保持机体肠道内正常的微生态平衡；能激活巨噬细胞的活性，增强机体细胞的免疫力；能合成 B 族维生素、烟酸和叶酸等多种维生素；能控制内毒素含量和防治便秘，预防贫血和佝偻病；可降低亚硝胺等致癌前体的形成，有防癌和抗癌作用；能拮抗自由基及脂质过氧化，具有抗衰老功能。

（一）培养基和试剂

（1）双歧杆菌培养基。

（2）PYG 培养基。

（3）MRS 培养基。

（4）甲醇分析纯。

（5）三氯甲烷分析纯。

（6）硫酸分析纯。

（7）冰乙酸分析纯。

（8）乳酸分析纯。

（二）检验程序

双歧杆菌检验程序见图 5-2。

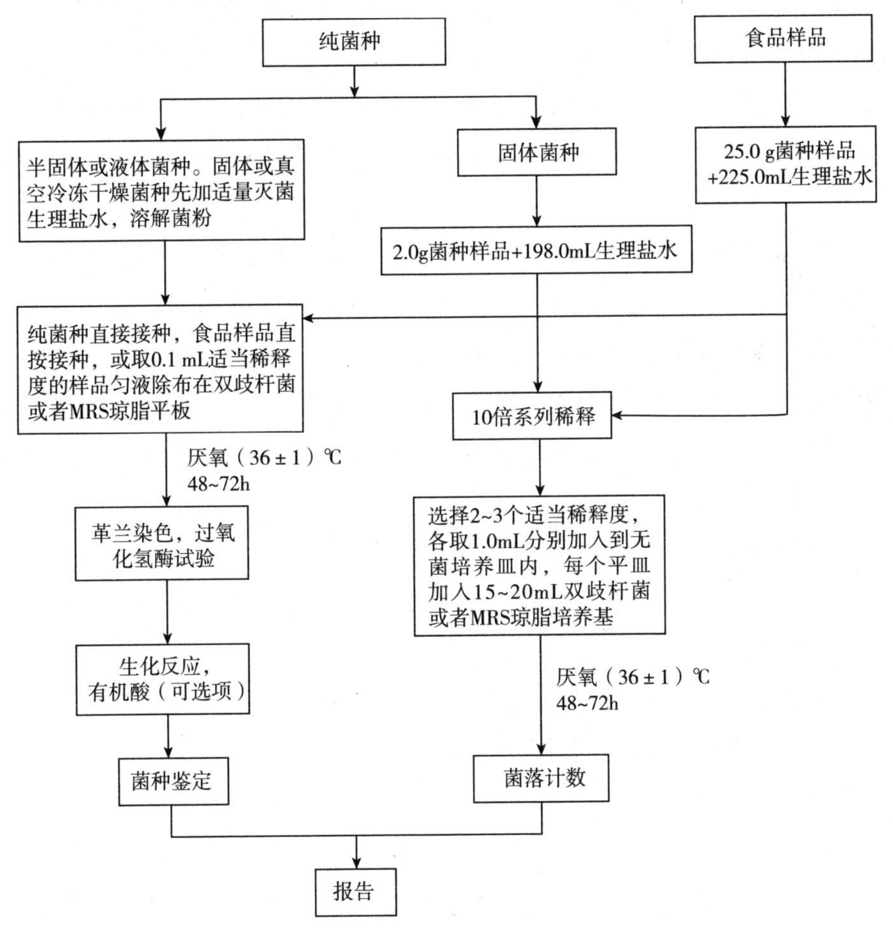

图 5-2　双歧杆菌检验程序

（三）双歧杆菌的鉴定

1. 纯菌菌种

（1）样品处理。半固体或者液体菌种可直接接种在双歧杆菌琼脂平板或MRS琼脂平板。固体菌种或真空冷冻干燥菌种，可先加适量灭菌生理盐水或其他适宜稀释液，溶解菌粉。

（2）接种。接种于双歧杆菌琼脂平板或MRS琼脂平板，（36±1）℃厌氧培养（48±8）h，可延长至（72±2）h。

2. 食品样品

（1）样品处理。取样25.0g（mL），置于装有225.0mL生理盐水的灭菌锥形瓶或均质袋内，于8000~10000r/min均质1~2min，或用拍击式均质器拍打1~2min，制成1：10的样品匀液。冷冻样品可先使其在2~5℃条件下解冻，时间不超过18h，也可在温度不超过45℃的条件下解冻，时间不超过15min。

（2）接种或涂布。将上述样品匀液接种在双歧杆菌琼脂平板或MRS琼脂平板，或取0.1mL适当稀释度的样品匀液涂布在双歧杆菌琼脂平板或MRS琼脂平板。（36±1）℃厌氧培养（48±8）h，可延长至（72±2）h。

（3）纯培养。挑取3个或者3个以上的单个菌落接种于双歧杆菌琼脂平板或者MRS琼脂平板。（36±1）℃厌氧培养（48±8）h，可延长至（72±2）h。

3. 菌种鉴定

（1）涂片镜检。挑取双歧杆菌平板或MRS平板上生长的双歧杆菌单个菌落进行染色。

双歧杆菌为革兰染色阳性，呈短杆状、纤细杆状或者球形，可形成各种分支或者分叉等多形态，不抗酸，无芽孢，无动力。

（2）生化鉴定。挑取双歧杆菌平板或者MRS平板上生长的双歧杆菌单个菌落，进行生化反应检验，过氧化氢酶试验为阴性。双歧杆菌的主要生化反应见表5-2。可选择生化鉴定试剂盒或者全自动微生物生化鉴定系统。

表 5-2 双歧杆菌菌种主要生化反应

编号	项目	两歧双歧杆菌(*Eb/fdum*)	婴儿双歧杆菌(*Biy/amis*)	长双歧杆菌(*B. longum*)	青春双歧杆菌(*B. adokscntis*)	动物双歧杆菌(*Eanimals*)	短双歧杆菌(*Bbre*)
1	甘油	-	-	-	-	-	-
2	赤癣醇	-	-	-	-	-	-
3	D-阿拉伯糖	-	-	-	-	-	-
4	L-阿拉伯糖	-	-	+	+	+	-
5	D-核糖	-	+		+	+	+
6	D-木糖	-	+	+	d	+	+
7	L-木糖	-	-	-	-	-	-
8	阿东醇	-	-	-	-	-	-
9	β-甲基-D-木糖甙	-	-	-	-	-	-
10	D-半乳糖	d	+	+	+	d	+
11	D-葡萄糖	+	+	+	+	+	+
12	D-果糖	d	+	+	d	d	+
13	D-甘露糖	-	+	+	-	-	-
14	L-山梨糖	-	-	-	-	-	-
15	L-鼠李糖	-	-	-	-	-	-
16	卫矛醇	-	-	-	-	-	-
17	肌醇	-	-	-	-	-	+
18	甘露醇	-	-	-	-	-	-
19	山梨醇	-	-	-	-	-	-
20	a-甲基-D-甘露糖甙	-	-	-	-	-	-
21	a-甲基-D-葡萄糖甙	-	-	+	-	-	-
22	N-乙酰-葡萄糖胺	-	-	-		-	+
23	苦杏仁甙(扁桃甙)	-	-	-	+	+	-
24	熊果甙	-	-	-	-	-	-
25	七叶灵	-	-	+	+	+	-

续表

编号	项目	两歧双歧杆菌 (*Eb/fdum*)	婴儿双歧杆菌 (*Biy/amis*)	长双歧杆菌 (*B. longum*)	青春双歧杆菌 (*B. adokscntis*)	动物双歧杆菌 (*Eanimals*)	短双歧杆菌 (*Bbre*)
26	水杨甙(柳醇)	-	+	-	+	+	-
27	D-纤维二糖	-	+	-	d	-	-
28	D-麦芽糖	-	+	+	+	+	+
29	D-乳糖	+	+	+	+	+	+
30	L-蜜二糖	-	+	+	+	+	+
31	D-蔗糖	-	+	+	+	+	+
32	D-海藻糖(覃糖)	-	-	-	-	-	-
33	菊糖(菊根粉)	-	-	-	-	-	-
34	D-松三糖	-	-	+	+	-	-
35	D-棉籽糖	-	+	+	+	+	+
36	淀粉	-	-	-	+	-	-
37	肝糖(糖原)	-	-	-	-	-	-
38	木糖醇	-	-	-	-	-	-
39	龙胆二糖	-	+	-	+	+	+
40	L-松二糖	-	-	-	-	-	-
41	D-来苏糖	-	-	-	-	-	-
42	D-塔格糖	-	-	-	-	-	-
43	D-岩糖	-	-	-	-	-	-
44	L-岩糖	-	-	-	-	-	-
45	D-阿糖醇	-	-	-	-	-	-
46	L-阿糖醇	-	-	-	-	-	-
47	葡萄糖酸钠	-	-	-	+	-	-
48	2-酮基-葡萄糖酸钠	-	-	-	-	-	-
49	5-酮基-葡萄糖酸钠	-	-	-	-	-	-

注：+表示 90%以上菌株阳性；-表示 90%以上菌株阴性；d 表示 11%~89%以上菌株阳性。

（四）双歧杆菌的计数

1. 纯菌菌种

（1）固体和半固体样品的制备：以无菌操作称取 2.0g 样品，置于盛有 198.0mL 稀释液的无菌均质杯内，8000～10000r/min 均质 1～2min，或置于盛有 198.0mL 稀释液的无菌均质袋中，用拍击式均质器拍打 1～2min，制成 1∶100 的样品匀液。

（2）液体样品的制备：以无菌操作量取 1.0mL 样品，置于 9.0mL 稀释液中，混匀，制成 1∶10 的样品匀液。

2. 食品样品处理

取样 25.0g（mL），置于装有 225.0mL 生理盐水的无菌锥形瓶或均质袋内，于 8000～10000r/min 均质 1～2min，或者用拍击式均质器拍打 1～2min，制成 1∶10 的样品匀液。冷冻样品可先使其在 2～5℃条件下解冻，时间不超过 18h，也可在温度不超过 45℃的条件下解冻，时间不超过 15min。

3. 稀释及培养

用 1mL 无菌吸管或微量移液器，制备 10 倍系列稀释样品匀液，于 8000～10000r/min 均质 1～2min，或用拍击式均质器拍打 1～2min。每递增稀释 1 次，即换用 1 次 1mL 灭菌吸管或吸头。根据对样品浓度的估计，选择 2～3 个适宜稀释度的样品匀液，在进行 10 倍递增稀释时，吸取 1.0mL 样品匀液于无菌平皿内，每个稀释度做两个平皿。同时，分别吸取 1.0mL 空白稀释液加入两个无菌平皿内作空白对照。及时将 15～20mL 冷却至 46℃的双歧杆菌琼脂培养基或 MRS 琼脂培养基［可放置于（46±1）℃恒温水浴箱中保温］倾注平皿，并转动平皿使其混合均匀。从样品稀释到平板倾注要求在 15min 内完成。待琼脂凝固后，将平板翻转，（36±1）℃厌氧培养（48±2）h，可延长至（72±2）h。培养后计数平板上的所有菌落数。

4. 菌落计数

同 GB 4789.2—2016《菌落总数测定》。

5. 结果的计算方法

同 GB 4789.2—2016《菌落总数测定》。

6. 菌落数的报告

（1）菌落数小于 100cfu 时，按“四舍五入”原则修约，以整数报告。

（2）菌落数大于或等于 100cfu 时，第 3 位数字采用“四舍五入”原则修约后，取前 2 位数字，后面用 0 代替位数；也可用 10 的指数形式来表示，按“四舍五入”原则修约后，保留两位有效数字。

（3）称重取样以 cfu/g 为单位报告，体积取样以 cfu/mL 为单位报告。

（五）结果与报告

根据涂片镜检和生化鉴定结果，报告双歧杆菌属的种名。根据菌落计数结果出具报告，报告单位以 cfu/g（mL）表示。

五、鲜乳中抗生素残留的检验

由于大规模使用兽用抗生素，如动物饲喂抗生素饲料，治疗疾病使用各种抗生素，在畜产品及乳内产生了抗生素残留。人们长期食用残留有抗生素的食品后，不仅会使在人体内寄生和繁殖的细菌产生抗药性，还能增加人类对抗生素的过敏反应。同时人类长期摄入含有抗生素的食物会抑制肠道中正常的敏感菌群，使致病菌、条件致病菌及霉菌、念珠菌大量增殖而导致一系列全身或局部的感染。另外，在牛（羊）乳中，如含有微量抗生素，将给乳品加工带来很多问题，如影响酸乳的正常凝结和乳酪的正常发酵成熟；降低脱脂乳及同类产品的酸度和风味，抑制发酵菌的繁殖；影响生产工艺中的质量控制。因此，检查乳中抗生素残留，确保其纯净，成为食品卫生的一项重要工作。

乳中抗生素残留对人类健康存在危害，其中危害最大的是青霉素、链霉素的过敏性休克及抗药性的产生。只要存在微量的抗生素即可能引起，所以原则上乳中是不允许抗生素残留的。但限于检验水平未能达到如此敏感度，故只能以检验阳性者为不合格，阴性者为合格，所以“允许量”实际上等于检验方法本身的敏感度。

目前国际上对乳中抗生素残留的规定如下：在乳卫生管理上，许多国家规定乳牛（羊）在最后一次使用抗生素后的 72~96h 内的乳不可使用。我国规定最后一次使用 5d 内的乳不可使用。

目前国际上公认并作为法定检验食品中抗生素残留的几种检验方法，首推嗜热脂肪芽孢杆菌纸片法，此法由 Kanfman 于 1977 年创立，后由国际牛乳协会（IDF）证实并推广，美国于 1982 年起作为法定方法。此外还有藤黄八叠球菌管碟法和 TTC 法。我国 2008 年颁布的食品卫生微生物检验国家标准将 TTC 法和嗜热脂肪芽孢杆菌抑制法列为国标方法。

（一）嗜热脂肪芽孢杆菌抑制法

本方法检验抗生素残留具有以下特点：用嗜热脂肪芽孢杆菌芽孢悬浮物代替藤黄八叠球菌过夜肉汤培养物作试验菌，性质更稳定，贮存时间更长，可达 6～8 个月；检测敏感度很高，能检出牛乳中青霉素 G 含量为 0.005U/mL；方法简便、快速、省钱，2.5～4h 即可出现抑菌圈；不仅能检验青霉素 G，还能检验其他多种常用抗生素，如氨苄西林、头孢菌素、氯唑西林和四环素等；可作定量测定；不受消毒剂干扰。

1. 菌种、培养基和试剂

（1）菌种为嗜热脂肪芽孢杆菌卡利德变种。

（2）无菌磷酸盐缓冲液。

（3）灭菌脱脂乳。

（4）溴甲酚紫葡萄糖蛋白胨培养基。

（5）青霉素 G 参照溶液。

2. 检验程序

鲜乳中抗生素残留的嗜热脂肪芽孢杆菌抑制法检验程序见图 5-3。

3. 操作步骤

（1）芽孢悬液：将嗜热脂肪芽孢杆菌菌种划线接种于营养琼脂平板表面，(56±1)℃培养 24h 后挑取乳白色半透明圆形特征菌落，在营养琼脂平板上再次划线培养，于（56±1)℃培养 24h 后转入（36±1)℃培养 3～4d，镜检芽孢产率达到 95%以上时进行芽孢悬液的制备。每块平板用 1～3mL 无菌磷酸盐缓冲液洗脱培养基表面的菌苔（如果使用克氏瓶，每瓶使用无菌磷酸盐缓冲液 10～20mL)。将洗脱液 5000r/min 离心 15min，取沉淀物加 0.03mol/L 的无菌磷酸盐缓冲液（pH7.2)，制成 10^9cfu/mL 芽孢悬液，置于（80±2)℃恒温水浴中 10min 后，密封防止水分蒸发，置于 2～5℃备用。

（2）测试培养基：在溴甲酚紫葡萄糖蛋白胨培养基中加入适量芽孢悬液，混合均匀，使最终的芽孢浓度为 2×10^5～8×10^5cfu/mL。将混合芽孢悬液的溴甲酚紫葡萄糖蛋白胨培养基分装小试管，每管 200μL，密封防止水分蒸发，配制好的测试培养基可以在 2～5℃保存 6 个月。

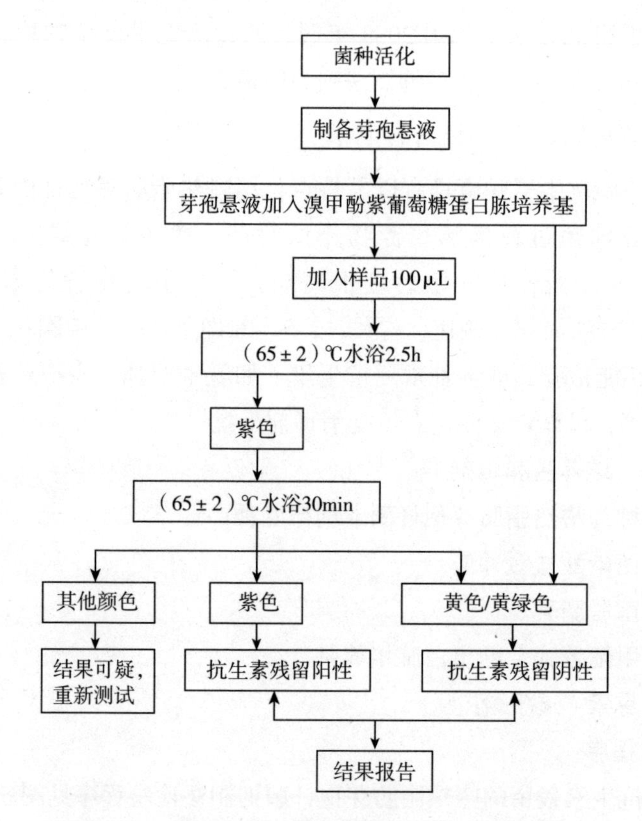

图 5-3 嗜热脂肪芽杆菌抑制法样品检验流程图

(3) 培养操作：吸取样品 100μL 加入含有芽孢的测试培养基中，轻轻旋转试管混匀，每份检样做 2 份，另外再做阴性和阳性对照各 1 份，阳性对照管为 100μL 青霉素 G 参照溶液，阴性对照管为 100μL 无抗生素的脱脂乳。于 (65±2)℃培养 2. 5h，观察培养基颜色的变化，如果颜色没有变化，须再于水浴培养 30min 做最终观察。

(4) 判断方法：在白色背景前从侧面和底部观察小试管内培养基颜色，保持培养基原有的紫色为阳性结果，培养基变成黄色或黄绿色为阴性结果，颜色处于两者之间，为可疑结果。对于可疑结果应继续培养 30min 再进行最终观察。如果培养基颜色仍然处于黄色和紫色之间，表示抗生素浓度接近方法的最低检出限，此时建议重新检验一次。

4. 结果与报告

最终观察时，培养基依然保持原有的紫色，可以报告为抗生素残留阳性。

培养基变为黄色或绿色时，可以报告为抗生素残留阴性。

本方法检验几种常见抗生素的最低检出限为：青霉素 3μg/L，链霉素 50μg/L，庆大霉素 30μg/L，卡那霉素 50μg/L。

（二）嗜热链球菌抑制法（2，3，5-氯化三苯四氮唑法）

氯化三苯四氮唑法最早由 Neel 和 Calbert 在 1955 年提出，能检出牛乳中青霉素含量为 0.04U/mL。1959 年 Parks 和 Doan 认为 TTC 法在检验青霉素和氯霉素上的敏感度与枯草杆菌纸片大致相同，但对链霉素不敏感，对新霉素根本不满意。也有人认为消毒剂可干扰试验。1958 年 Dragen 建议 TTC 法加做乳糖发酵产气试验及酵母培养，可以证明抑菌的效果究竟是由抗生素还是消毒剂引起。

细菌生物氧化有三种方式，即加氧、脱氢和脱电子，相反即还原。当乳中加入嗜热链球菌后，如乳中无抗生素，嗜热链球菌就生长繁殖，在新陈代谢过程中进行生物氧化，其中脱出的氢可以和加在乳中的氧化型 TTC 结合而成为还原型 TTC，氧化型 TTC 无色，还原型 TTC 红色，所以可使乳变红色。相反，如乳中存在抗生素，嗜热链球菌就不能生长繁殖，没有氢释放，TTC 也不被还原，仍为无色，乳汁也无色。

选择嗜热链球菌，是因为它对青霉素较敏感，Adamse 于 1955 年、Fleischmann 于 1964 年提出，酸乳培养物较其他菌株对青霉素敏感 10 倍，而酸乳培养物主要是嗜热链球菌，少量是乳杆菌，检验牛乳中的抗生素主要是青霉素，所以选择嗜热链球菌。

TTC 法的特点是方法简便、快速，无需特殊设备，因地制宜，故适于牧场、乳品厂及防疫站使用。但方法敏感度不够高，国外报道对青霉素的检出量为 0.04U/mL，上海市卫生监督检验所的研究也是 0.04U/mL。此敏感度在 1967 年以前是适用的，但随着对牛乳中青霉素残留允许量渐趋严格，TTC 法就显得不够敏感了。

牧场常用抗生素治疗乳牛的各种疾病，特别是乳牛的乳房炎，有时用抗生素直接注射乳房部位进行治疗。因此，凡经抗生素治疗过的乳牛，其牛乳在一定时期内仍残存抗生素。对抗生素有过敏体质的人食用后，就会发生过敏反应，也会使某些菌株对抗生素产生耐药性，同时在加工上不能用于生产发酵乳。为了保证饮用安全和实际生产需要，检查乳中有无抗生素残留已成为一项急需开展的常规检验工作。TTC 试验是用来测定乳中有无抗生素残留的较简易的方法。

鲜乳中抗生素残留量检验应属于理化检验的范畴，但此法采用的是微生物的手段，因此本书将此法放入微生物学检验内容。

1. 菌种、培养基和试剂

（1）菌种为嗜热链球菌。

（2）灭菌脱脂乳。

（3）40g/L 2，3，5-氯化三苯四氮唑（TTC）水溶液。

（4）青霉素 G 参照液。

2. 检验程序

检验程序如图 5-4 所示。

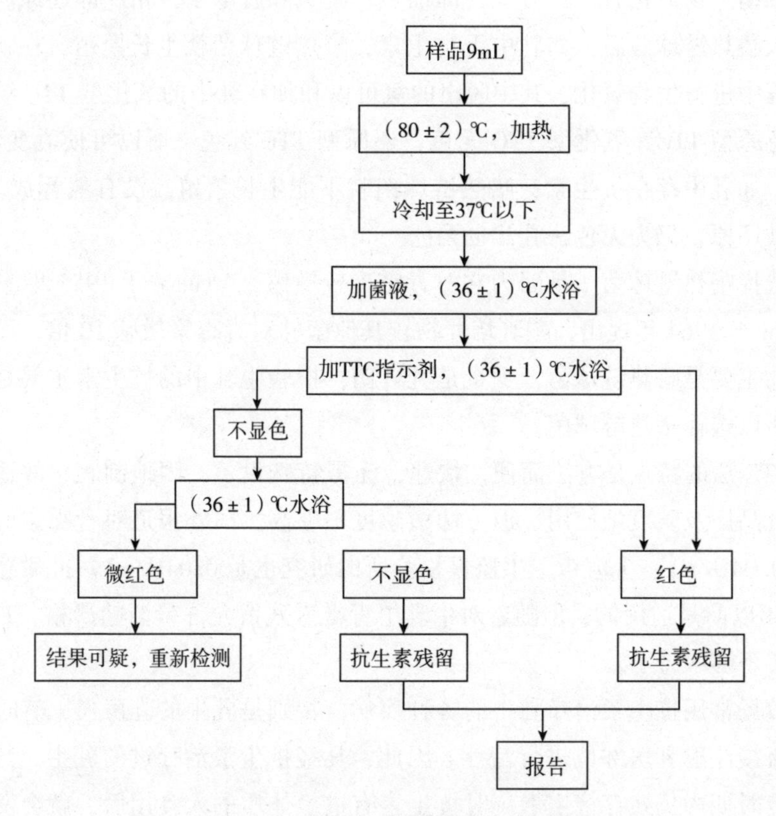

图 5-4 鲜乳中抗生素残留检验程序

3. 操作步骤

（1）活化菌种：取一接种环嗜热链球菌菌种，接种在 9mL 灭菌脱脂乳中，置（36±1）℃恒温培养箱中培养12~15h后，置2~5℃冰箱保存备用，每15d转种1次。

（2）测试菌液：将经过活化的嗜热链球菌菌种接种灭菌脱脂乳，（36±1）℃培养（15±1）h后，加入相同体积的灭菌脱脂乳混匀稀释成为测试菌液。

（3）培养：取样品9mL置于18mm×180mm试管内，每份样品另外做一份平行样，同时再做阴性和阳性对照各1份。阳性对照管用9mL青霉素G参照溶液，阴性对照用9mL灭菌脱脂乳，所用试管置于（80±2）℃水浴加热5min，取出冷却至37℃以下，加测试菌液1mL，轻轻旋转试管混匀，（36±1）℃水浴培养2h，加40g/L TTC水溶液0.3mL，在漩涡混匀器上混合15s或振动试管混匀，（36±1）℃水浴避光培养30min，观察颜色变化，如果颜色没有变化，于水浴中继续避光培养30min做最后观察。观察时要迅速，避免光照过久出现干扰。

（4）判断方法：在白色背景前观察，试管中样品呈乳的原色时，表示乳中有抗生素存在，为阳性结果。试管中样品呈红色时为阴性结果。如最终观察现象仍为可疑，建议重新检验。

4. 结果与报告

最终观察时，样品变为红色，报告为抗生素残留阴性。样品依然呈乳的原色，报告为抗生素残留阳性。

本方法检验几种常见抗生素的最低检出限为：青霉素0.004IU，链霉素0.5IU，庆大霉素0.4IU，卡那霉素5IU。

第三节　蛋与蛋制品检验

鲜蛋利用其自身防护机制可以抵御外界微生物的入侵，从蛋的外部结构来看，鲜蛋外面有三层结构，即外层蜡状壳膜、壳、内层壳膜。每一层都在不同程度上有抵御微生物入侵的功能。从鸡蛋内部的成分看，蛋清中含有溶菌酶，这种酶能有效抑制革兰阳性菌的生长；蛋清中还含有抗生素蛋白，能与维生素H形成复合物，使得微生物无法利用这一生长所需的维生素。蛋清的pH高（约为9.3），并含有伴清蛋白，这种蛋白和铁形成复合物使其不能被微生物所利用。但另一方面，鲜蛋黄的营养成分和pH又为绝大多数微生物提供了良好的生长条件。

鲜蛋通常是无菌的，但是，鲜蛋也很容易受到微生物的污染，这主要是由两方面原因造成的。一方面来自家禽本身，在形成蛋壳之前，排泄腔内细菌向上污染至输卵管，可导致蛋的污染；另一方面来自外界的污染，蛋从禽体排出时温度接近禽的体温，若外界温度低，则蛋内部收缩，周围环境中的微生物即随空气穿过蛋壳而进入蛋内，蛋壳外黏膜易被破坏，失去屏障作用。蛋壳上有7000~17000个4~40μm的气孔，外界的各种微生物可从气孔进入蛋内，尤其是贮存期长的蛋或洗涤过的蛋，微生物更易于侵入。蛋壳表面上的微生物很多，整个蛋壳表面有4×10^6~5×10^6个细菌，污染严重的蛋，表面的细菌数量更高，可达数亿个，蛋壳损伤易造成蛋的微生物污染。

在条件适宜的情况下，一些微生物就可进入蛋内生长并导致蛋的腐败。细菌进入蛋内的速度与贮存时间、蛋龄及污染程度有关。使用CO_2气体制冷的冷却方法能迅速降低蛋的温度，从而使其内部细菌数量更少，即使在7℃下保存30d也不会引起明显的质量变化。

高湿度有利于微生物进入鸡蛋，也有利于鸡蛋表面微生物的生长，继而进入蛋壳和内膜。内膜是阻止细菌侵入鸡蛋最重要的屏障，其次是壳和外膜。污染蛋的蛋黄中细菌要比蛋清中的多，蛋清中微生物数量相对较少的原因可能是蛋清中含有抗生素类物质。另外，经贮藏后，卵白厚层将水分传至卵黄，导致淡化变稀和卵白厚层萎缩。这种现象使得蛋黄可直接接触蛋壳内膜，从而造成与微生物的直接接触。微生物一旦进入蛋黄，细菌在这种营养介质中良好的生长，代谢分解蛋白质和氨基酸，产生硫化氢和其他异臭化合物。这些菌的生长会引起蛋黄变黏和变色。因为霉菌是需氧菌，故一般先在气室区域繁殖生长。在湿度较高的情况下，鸡蛋表层可看到有霉菌生长，在温度和湿度都较低的情况下，虽然鸡蛋表面霉菌生长的现象可以减少，但鸡蛋会快速脱水，这对产品的销售是不利的。另外，鸡蛋蛋清中还含有卵运铁蛋白和卵黄素蛋白。卵运铁蛋白能与金属离子，尤其是Fe^{3+}螯合，卵黄素蛋白结合核黄素。在正常pH为9.0~10.0及温度分别为30℃和39.5℃下，蛋清能杀灭革兰阳性菌和酵母菌，Fe^{3+}的加入会降低蛋清的抗菌特性。

鸡蛋中存在的菌主要为下列属细菌：假单胞菌、不动细菌、变形杆菌、气单胞菌、产碱杆菌、埃希杆菌、微球菌、沙门菌、赛氏杆菌、肠细菌、黄杆菌属和葡萄球菌。常见的霉菌有毛霉、青霉、单胞枝霉等。球拟酵母是唯一能检出的酵母。

一、鲜蛋的腐败变质

（一）腐败

腐败是由细菌引起的鲜蛋变质。侵入到蛋中的细菌，不断地生长繁殖，并形成各种相适应的酶，然后分解蛋内的各组成成分，使蛋发生腐败和产生难闻的气味。蛋白腐败初期，从局部开始，呈现淡绿色，这种腐败是由于假单胞菌，特别是荧光假单胞菌引起的。随后逐渐扩大到全部蛋白，其颜色随之变为灰绿色至淡黄色。此时，韧带断裂，蛋黄不能固定而发生移位。细菌侵入蛋白，使蛋黄膜破裂，蛋黄流出与蛋白混合成浑浊的液体，习惯上称为散蛋黄。如果进一步腐败，蛋黄成分中的核蛋白和卵磷脂也被分解，产生恶臭的硫化氢等气体和其他有机物，整个内含物变为灰色或暗黑色。这种腐败主要是由变形杆菌、某些假单胞菌和气单胞菌引起的。这种蛋在光照时不透光线，通过气孔还发出恶臭气味。如果蛋内气体积累过多，蛋壳会发生爆裂，流出含有大量腐败菌的液体，有时蛋液变质产生酸臭味而呈红色，这种腐败主要是由假单胞菌或沙雷菌引起的。

（二）霉变

霉变主要由霉菌引起。霉菌菌丝通过蛋壳气孔进入蛋内，一般在蛋壳内壁和蛋白膜上生长繁殖，靠近气室部分，因有较多氧气，所以繁殖最快，形成大小不同的深色斑点，斑点处有蛋液黏着，称为黏蛋壳。不同霉菌产生的斑点不同，如青霉产生蓝绿色，枝孢霉产生黑斑。在环境湿度比较大的情况下，有利于霉菌的蔓延生长，造成整个蛋内外生霉，蛋内成分分解，并有不良霉味产生。

有些细菌也可引起蛋的霉臭味，如浓味假单胞菌（*Pseudomonas graveolens*）和一些变形杆菌属（*Proteus spp.*）的细菌，其中以前者引起的霉臭味最为典型。当蛋的贮藏期较长后，蛋白逐渐失水，水分向蛋黄内转移，从而造成蛋黄直接与蛋壳内膜接触，使细菌更容易进入蛋黄内，导致这些细菌快速生长，产生一些蛋白质和氨基酸代谢的副产物，形成类似于蛋霉变的霉臭味。

鲜蛋在低温贮藏的条件下，有时也会出现腐败变质现象。这是由于某些嗜冷性微生物如假单胞菌、枝孢霉、青霉等在低温下仍能生长繁殖造成的。

二、蛋与蛋制品的检验

（一）样品的采集

1. 蛋、糟蛋和皮蛋

用流水冲洗鲜蛋外壳，再用75%酒精棉球涂擦消毒后放入灭菌袋内，加封做好标记后送检。

2. 巴氏杀菌全蛋粉、蛋黄粉、蛋白片

将包装铁箱上开口处用75%酒精棉球消毒，然后将盖开启，用灭菌的金属制双层旋转式套管采样器斜角插入箱底，使套管旋转收取检样，再将采样器提出箱外，用灭菌小匙自上、中、下部收取检样，装入灭菌广口瓶中，每个检样质量不少于100g，标记后送检。

3. 巴氏杀菌冰全蛋、冰蛋黄、冰蛋白

将包装铁听开口处用75%酒精棉球消毒，然后将盖开启，用灭菌电钻由顶到底斜角钻入，慢慢钻取样品，然后抽出电钻，从中取出检样250g装入灭菌广口瓶中，标记后送检。

4. 对成批产品进行质量鉴定时的采样数量

巴氏杀菌全蛋粉、蛋黄粉、蛋白片等产品以1日或1班产量为1批检验沙门菌时，按每批总量的5%抽样，但每批最少不得少于3个检样。测定菌落总数和大肠菌群时，每批按装罐过程前、中、后取样3次，每次取样100g，每批合为1个检样。

巴氏杀菌冰全蛋、冰蛋黄、冰蛋白等产品批号在装听时流动取样。检验沙门菌时，冰蛋黄及冰蛋白按250kg取样1件，巴氏消毒冰全蛋按每500kg取样1件。菌落总数测定和大肠菌群测定时，在每批装听过程前、中、后取样3次，每次取样100g合为1个检样。

（二）样品的处理

1. 鲜蛋、糟蛋、皮蛋外壳

用灭菌生理盐水浸湿的棉拭充分擦拭蛋壳，然后将棉拭直接放入培养基内增菌培养，也可将整个蛋放入灭菌小烧杯或平皿中，按检样要求加入定量灭菌生理盐水或液体培养基，用灭菌棉拭将蛋壳表面充分擦洗后，用擦洗液为检样。

2. 鲜蛋蛋液

将鲜蛋在流水下洗净，待干后再用75%酒精棉球消毒蛋壳，然后根据检验要求，打开蛋壳取出蛋白、蛋黄或全蛋液，放入带有玻璃珠的灭菌瓶内，充分摇匀检样。

3. 巴氏杀菌全蛋粉、蛋黄粉、蛋白片

将检样放入带有玻璃珠的灭菌瓶内，按比例加入灭菌生理盐水，充分摇匀待检。

4. 巴氏杀菌冰全蛋、冰蛋黄、冰蛋白

将装有冰蛋检样的瓶子浸泡于流动冰水中，待检样融化后取出，放入带有玻璃珠的灭菌瓶中，充分摇匀待检。

5. 各种蛋制品沙门菌增菌培养

以无菌操作称取检样，接种于亚硒酸盐煌绿或煌绿肉汤等增菌培养基中（此培养基预先置于有适量玻璃珠的灭菌瓶内），盖紧瓶盖，充分摇匀，然后放入（36±1）℃恒温箱中，培养（20±2）h。

6. 接种以上各种蛋与蛋制品的数量及培养基的数量和成分

用亚硒酸盐煌绿增菌培养时，各种蛋和蛋制品的检样接种量为30g，培养基数量都为150mL。用煌绿肉汤增菌培养时，检样接种数量、培养基数量和浓度见表5-3。

表5-3 检样接种数量、培养基数量和浓度

检样种类	检样接种数量	培养基数量/mL	煌绿浓度/（g/mL）
巴氏杀菌全蛋粉	6g（加24mL灭菌水）	120	1/6000~1/4000
蛋黄粉	6g（加24mL灭菌水）	120	1/6000~1/4000
鲜蛋液	6mL（加24mL灭菌水）	120	1/6000~1/4000
蛋白片	6g（加24mL灭菌水）	150	1/1000000
巴氏杀菌冰全蛋	30g	150	1/6000~1/4000
冰蛋黄	30g	150	1/6000~1/4000
冰蛋白	30g	150	1/60000~1/50000
鲜蛋、糟蛋、皮蛋	30g	150	1/6000~1/4000

注：煌绿应在用时加入肉汤中，煌绿浓度以检样和肉汤的总量计算。

（三）检验

根据不同蛋制品中常见的不同类群微生物，采用国家标准方法检验菌落总数、大肠菌群、沙门菌、志贺菌。

第四节 水产品检验

水产食品是以水产为主要原料加工的食品。水产品中的鱼贝类，正常情况下，组织内部是无菌的。但是鱼类的体表和鳃部直接和水接触，体表分泌一种含糖蛋白的黏液质，成为细菌良好的培养基。因此，与外界接触的皮肤黏膜、鳃、消化道等部位，有各种微生物的存在。

水产品中的微生物主要为水体中的微生物，以及在捕获、贮藏、加工过程中污染的微生物。水体中的微生物大部分为革兰阴性的无芽孢杆菌。

淡水鱼类附着的微生物包括淡水中正常的细菌，如假单胞菌、节细菌、黏杆菌、噬胞菌、不动杆菌、气单胞菌、链球菌、克氏杆菌和芽孢杆菌等。

海水鱼类附着的微生物主要是一些具有活动能力的杆菌和各种弧菌，如假单胞菌属、弧菌属、黄杆菌属、无色杆菌属、不动杆菌属、芽孢杆菌属以及无芽孢杆菌属的细菌等。

一、水产品中的微生物污染

水产品的微生物污染可分为捕获前的污染（原发性污染）和捕获后的污染（继发性污染）。

（一）捕获前的污染

捕获前污染的微生物有引起腐败变质的细菌和真菌，如假单胞菌、无色杆菌、黄杆菌等以及水霉属、绵霉属、私囊霉属等；也有能引起人致病的细菌和病毒，如沙门菌、致病性弧菌以及甲型肝炎病毒、诺如病毒等。

（二）捕获后的污染

主要是指从捕获后到销售过程所遭受的微生物污染。运入销售市场或加工厂，受到人手、容器、市场环境或工厂环境等的污染，受到污染的微生物大部分为腐败微生物，以细菌为主，其次为霉菌和酵母，主要引起水产品的腐败变质。另外还会感染能引起人食物中毒的细菌，如沙门菌、葡萄球菌、大肠杆菌等。

二、水产品中的细菌腐败

在微生物的作用下，水产品中的蛋白质、氨基酸及含氮物质被分解为氨、三甲胺、吲哚、硫化氢、组胺等低级产物，使水产品产生具有腐败特征的臭味。

（一）新鲜水产品的腐败

新鲜鱼的腐败主要表现在鱼的体表、眼球、鳃、腹部、肌肉、组织状态及气味等方面的变化。鱼体死后的细菌繁殖，从一开始就与死后的生化变化、僵硬、解僵等同时进行。当鱼体进入解僵和自溶阶段，随着细菌繁殖数量的增多，各种腐败变质的现象逐步出现。

（二）水产制品的腐败

1. 冷冻水产品的腐败

水产品在冷冻时，一般微生物无法生长，不发生腐败。但是在冷冻时，一些耐低温的腐败细菌并未死亡。当解冻后，又开始生长繁殖，引起水产品的腐败。冷冻鱼的腐败细菌，以假单胞菌Ⅲ/Ⅳ-H型、摩氏杆菌、假单胞菌Ⅰ型和假单胞菌Ⅱ型为主。

2. 水产干燥和烟熏制品的腐败

水产品经过干燥、腌制和烟熏得到的制品的共同特点是降低制品中的水分活度而抑制微生物的生长以达到保藏的目的，但是由于吸湿或者盐度和水分还不能完全抑制微生物的生长，常出现腐败变质的现象。

3. 鱼糜制品的腐败

鱼糜制品是鱼肉经擂溃，加入调味料，经煮熟、蒸熟、焙烤而成，如鱼丸、鱼肠等。鱼糜制品通过加热能杀死绝大多数细菌，但还残存耐热细菌，此外可能由于包装不良或者贮存不当而遭受微生物污染，引发腐败。

三、水产食品的检验

（一）样品的采集

现场采取水产食品样品时，应按检验目的和水产品的种类确定采样量。除个别大型鱼类和海兽只能割取其局部作为样品外，一般都采取完整的个体，待检验时再按要求在一定部位采取检样。在以判断质量鲜度为目的时，鱼类和体型较大的贝甲类虽然应以一个个体为一件样品，单独采取一个检样，但当对一批水产品做质量判断时，仍须采取多个个体做多件检验以反映全面质量。一般小型鱼类和对虾、小蟹，因个体过小，在检验时只能混合采取检样，在采样时须采数量更多的个体；鱼糜制品（如灌肠、鱼丸等）和熟制品采样 250g，放入灭菌容器内。

水产食品含水较多，体内酶的活力也较旺盛，易于变质。因此在采好样品后应在最短时间内送检，在送检过程中一般都应加冰保藏。

（二）检样的处理

1. 鱼类

鱼类采取检样的部位为背肌。先用流水将鱼体体表冲净，去鳞，再用 75%酒精棉球擦净鱼背，待干后用灭菌刀在鱼背部沿脊椎切开 5cm，再切开两端使两块背肌分别向两侧翻开，然后用灭菌剪子剪取 25g 鱼肉，放入灭菌乳钵内，用灭菌剪子剪碎，加灭菌海砂或玻璃砂研磨（有条件的情况下可用均质器），检样磨碎后加入 225mL 灭菌生理盐水，混匀成稀释液。在剪取肉样时要仔细操作，勿触碰及粘上鱼皮。鱼糜制品和熟制品则放入钵内进一步捣碎后，再加生理盐水混匀成稀释液。

2. 虾类

虾类采取检样的部位为腹节内的肌肉。将虾体在流水下冲净，摘去头胸节，用灭菌剪子剪除腹节与头胸节连接处的肌肉，然后挤出腹节内的肌肉，取 25g 放入灭菌乳钵内，以后操作同鱼类检样处理。

3. 蟹类

蟹类采取检样的部位为胸部肌肉。将蟹体在流水下冲净，剥去壳盖和腹脐、去除鳃条。再置流水下冲净。用 75%酒精棉球擦拭前后外壁，置灭菌搪瓷盘上待干，然后用灭菌剪子剪开成左右两片，再用双手将一片蟹体的胸部肌肉挤出（用手指从足根一端向剪开一端挤压），称取 25g，置灭菌乳钵内。以后操作同鱼类检样处理。

4. 贝壳类

从缝中徐徐切入，撬开壳盖，再用灭菌镊子取出整个内容物，称取 25g 置灭菌乳钵内，后续操作同鱼类检样处理。

（三）检验方法

根据不同水产食品中常见的不同类群微生物，采用国标方法检验菌落总数、大肠菌群、沙门菌、志贺菌、副溶血性弧菌、金黄色葡萄球菌、霉菌和酵母计数。

水产食品兼有海洋细菌和陆上细菌的污染，检验时细菌培养温度一般为30℃。以上采样方法和检验部位均以检验水产食品肌肉内细菌含量从而判断其鲜度质量为目的。如需检验水产食品是否带有某种致病菌，其检验部位应采胃肠消化道和鳃等呼吸器官，鱼类检样取肠管和鳃；虾类检样取头脑节内的内脏和腹节外沿处的肠管；蟹类检样取胃和鳃条；贝类中的螺类检样取腹足肌肉以下的部分；贝类中的双壳类检样取覆盖在斧足肌肉外层的内脏和瓣鳃。

第五节　饮料检验

液体饮料一般用果汁、蔗糖等原料制成。该类食品在制作过程中由于原料、设备及容器消毒不彻底，经常造成各种微生物的污染和繁殖，有可能造成食物中毒及肠道疾病的传播。

饮料中的微生物主要来自两个方面，外部影响主要是加工的环境，如墙壁、地面、设备是否符合卫生标准。内部原因主要是原料和包装，原料中的水、糖、气体、果汁和其他添加剂的卫生状况，及包装用容器、箱袋等都可能是微生物滋生的培养基。

一、样品的采集

（1）果蔬汁饮料、碳酸饮料、茶饮料、固体饮料取原瓶、袋和盒装的样品。

（2）冷冻饮品采取原包装样品。

（3）样品采集后，应立即送检，否则冰箱保存。

二、样品的处理

用点燃的酒精棉球烧灼瓶装饮料的瓶口灭菌，用石炭酸纱布盖好，塑料瓶口可用75%酒精棉球擦拭灭菌，用灭菌开瓶器将盖启开，含有二氧化碳的饮料可倒入另一个灭菌容器内，口勿盖紧，覆盖一灭菌纱布，轻轻摇荡，待气体全部逸出后，再进行检验。

三、检验方法

根据常见的微生物，采用国家标准的方法检验菌落总数、大肠菌群、沙门菌、志贺菌、金黄色葡萄球菌、霉菌和酵母计数。

第六节　调味品检验

调味品包括酱油、酱类和醋等以豆、谷类为原料发酵而成的食品。由于原料的污染及加工制作、运输中不注意卫生，使调味品感染上肠道细菌、需氧和厌氧芽孢杆菌。在对调味品进行卫生微生物学检验时，应按各品种性状合理采样和处理检样。

一、样品的采集

样品送到后立即检验或放置冰箱暂存。

二、检样的处理

（1）瓶装样品用点燃的酒精棉球烧灼瓶口灭菌，用石炭酸纱布盖好，再用灭菌开瓶器将盖启开，袋装样品用75%酒精棉球消毒袋口后进行检验。

（2）酱类以无菌操作称取25g，放入灭菌容器内，加入225mL蒸馏水；吸取酱油25mL，加入225mL灭菌蒸馏水，制成混悬液。

（3）食醋用200~300g/L灭菌碳酸钠溶液调pH至中性。

三、检验方法

根据常见的微生物，采用国家标准的方法检验菌落总数、大肠菌群、沙门菌、志贺菌副溶血性弧菌、金黄色葡萄球菌。

第七节 其他食品产品检验

冷食菜多为蔬菜和熟肉制品不经加热而制成的凉拌菜。该类食品由于原料、半成品、炊事用具及操作人员的手等消毒不彻底，被细菌污染。豆制品是以大豆为原料制成的含有大量蛋白质的食品，该类食品大多由于加工后，在盛具、运输及售卖等环节不注意卫生，感染了存在于空气、土壤中的细菌。上述两种食品如果不加强卫生管理，极易造成食物中毒及肠道疾病的传播。

一、样品的采集

（1）采样事项：采样时应注意样品代表性，采取接触盛器边缘、底部及上面不同部位的样品，放入灭菌容器内，样品送往化验室应立即检验或放置冰箱暂存，不得加入任何防腐剂，定型包装样品则随机采取。

（2）采样数量：按照 GB 4789.1—2016《食品安全国家标准食品微生物学检验总则》执行。

二、检样的处理

以无菌操作称取 25g，放入 225mL 灭菌蒸馏水，用均质器打碎 1min，制成混悬液。定型包装样品，先用 75%酒精棉球消毒包装袋口，用灭菌剪刀剪开后以无菌操作称取 25g 检样，放入 225mL 无菌蒸馏水，用均质器打碎 1min，制成混悬液。

三、检验方法

根据常见的微生物，采用国家标准方法检验菌落总数、大肠菌群、沙门菌、志贺菌、金黄色葡萄球菌。

第六章　食品微生物检验方法的进展

随着人们生活水平不断提高，各种安全问题越来越受到重视，微生物的污染问题也相应地备受关注。食品和环境等各个方面都有被微生物污染的可能，一旦污染，微生物将大量繁殖而导致食源性疾病或环境污染。传统的检验方法，主要包括形态特征观察和生理生化试验，涉及的实验较多、操作繁琐、需要时间较长、准备和后处理工作非常繁重。总之，随着现代科技的发展，可以预料在不远的将来，传统的微生物检测技术将逐渐被各种新型简便的微生物快速诊断技术所取代。

总之，食品微生物检验技术是向着更新的快速检测系统、快速检测培养基和快速测试片方向发展，这些新的检测技术必须能体现以下特点：能提高检验效率，更方便、快速和大批量；能简化检测步骤，从而使检测中人为的误差降至最低；试验条件标准化；高精度和高灵敏度。

第一节　免疫学方法

一、免疫荧光抗体技术检测食品微生物

（一）免疫荧光技术的原理

所谓免疫荧光技术是指采用荧光素标记的抗体检测抗原或抗体的免疫学标记技术，又称为荧光抗体技术。所用的荧光素标记抗体通称为荧光抗体，此方法又分为直接法和间接法。所谓直接法是指在检测样品上直接滴加已知特异性荧光标记的抗血清，经洗涤后在荧光显微镜下观察结果。而间接法是指在检样上滴加已知的细菌特异性抗体，待作用后经洗涤，再加入荧光标记的第二抗体。免疫荧光直接法可清楚地观察抗原并用于定位标记观察。

（二）应用举例

（1）凡纳滨对虾具有出肉率高、抗病力强、生长速度快以及适盐范围广等优点，是世界养殖虾类产量最高的三大种类之一。红体病（又称红腿病）在全国各养虾地区普遍流行，且发病率较高。该病的病原体为副溶血弧菌。研究人员建立了一种快速、特异、简捷的间接免疫荧光抗体检测技术，对凡纳滨对虾红体病病原菌——副溶血弧菌进行早期监测，为凡纳滨对虾红体病早期预防起到了指导作用。将副溶血弧菌免疫家兔制备抗副溶血弧菌抗体。将待测标本涂于干净载玻片上，自然干燥后，火焰固定；滴加抗体，37℃ 30min；用 PBST（0.01mol/LPBS，pH7.4，含 0.5%Tween-20）洗涤 3 次，每次 3min；滴加 FITC 标记的羊抗兔 IgG，37℃ 30min；洗涤、干燥；滴加 PBS 缓冲的甘油（PBS：甘油 = 1：9）1 滴，加盖玻片，在其上滴 1 滴无自发荧光的香柏油，用落射荧光显微镜观察，激发光滤光片为 450~490nm。背景为黑色。如果菌体发出绿色荧光，则提示标本被副溶血弧菌污染。

（2）急性上呼吸道疾病是由细菌以外的感染源引起的，其中病毒最为常见。呼吸道合胞病毒、腺病毒、流感病毒 A、流感病毒 B 及副流感病毒 1、2、3 型是下呼吸道感染的常见原因。因此，呼吸道病毒感染的快速检测，对临床及时诊断和疫情报告均有重要意义。可以采用直接荧光免疫法检测主要的呼吸道病毒。

首先是标本收集与处理。用负压吸引器取患者鼻咽部分泌物 2~3mL 到无菌生理盐水中，于离心管中反复吹打。400~600r/min 离心 5~10min，除去上清，留沉淀。沉淀用 5mL 磷酸盐缓冲溶液洗涤，混匀 10~15s。离心除去上清和沉淀上的黏液层。重复以上步骤，直到沉淀上的黏液层被完全除去。最后 1 次离心后，沉淀溶解在 0.5~1mL 的磷酸盐缓冲溶液中，吹打使其成为细胞悬液。在玻片上点样，每个点样孔点 25μL 细胞悬液。风干或自然风干。冷丙酮固定 10min，风干。然后进行荧光染色。在标本片或对照片的每个细胞点加上 1 滴相应的荧光抗体（20μL），37℃ 湿盒孵育 30min。洗涤、吹干，每个细胞点加上 1 滴封闭液，最后覆上盖玻片，荧光显微镜观察。诊断原则：荧光标记的抗病毒特异性单克隆抗体与细胞中的相应病毒抗原结合后，形成抗原抗体复合物，荧光显微镜下细胞内显示苹果绿荧光。因此显示苹果绿荧光的细胞为阳性细胞（胞内有病毒颗粒），阴性细胞无荧光。当放大倍数为200倍时，如果在视野中找到大于或等于2个阳性细胞，判为标本阳性。

二、酶联免疫技术检测食品微生物

（一）酶免疫测定法

酶联免疫吸附测定法（Enzyme-Linked ImmunoSorbent Assay，ELISA）可以分为直接法、间接法和夹心法。直接法是指酶标抗原或抗体直接与包被在酶标板上的抗体或抗原结合形成酶标抗原抗体复合物，加入酶反应底物，测定产物的吸光值，计算出包被在酶标板上的抗体或抗原的量。其反应原理如图6-1（a）所示。

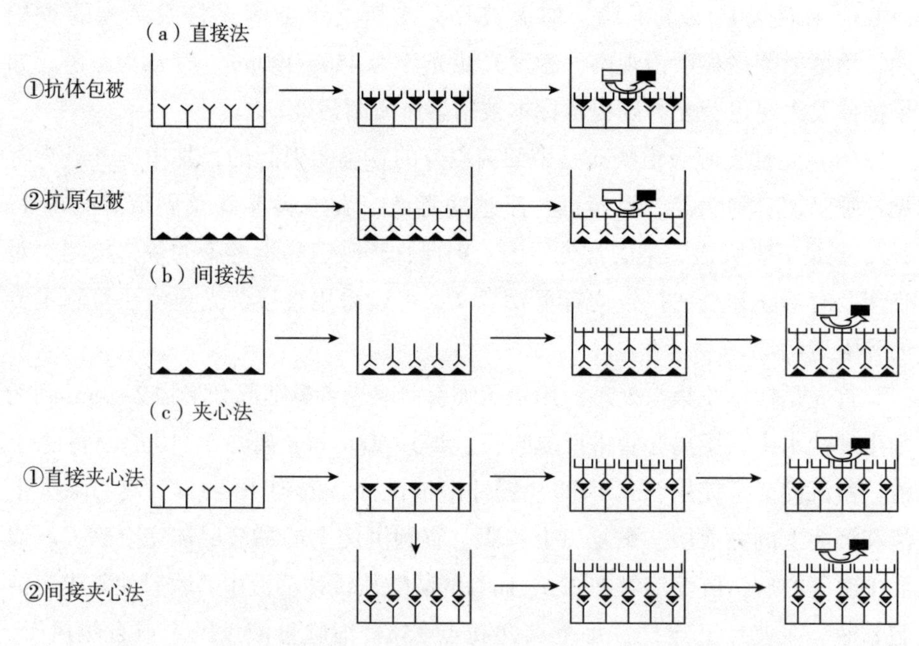

图6-1　ELISA原理图

间接法是将酶标记在二抗上，当抗体（一抗）和包被在酶标板的抗原结合形成复合物后，再以酶标二抗和复合物结合，通过测定酶反应产物的颜色可以（间接）反映一抗和抗原的结合情况，进而计算出抗原或抗体的量［图6-1（b）］。

夹心法是先将未标记的抗体包被在酶标板上，用于捕获抗原，再用酶标的抗体与抗原反应形成抗体—抗原—酶标抗体复合物；也可以像间接法一样应用酶标二抗和抗体—抗原—抗体复合物结合形成抗体—抗原—抗体—酶标二抗复合物［图 6-1（c）］。前者称为直接夹心法，后者称为间接夹心法。

上述三种方法又可以分为竞争法和非竞争法。图 6-1 所示均为非竞争反应方法，这些方法不存在抗原抗体的竞争反应。所谓竞争法就是在抗原抗体反应过程有竞争现象的存在。以下以直接法中的酶标抗原竞争法为例进行说明（图 6-2）。首先将包被了抗体的酶标板的微孔分为测定孔和对照孔，在测定孔中同时加入酶标抗原和非酶标抗原（通常来自待测样品），标记抗原和非标记抗原相互竞争包被抗体的结合点，没有结合到包被抗体上的标记抗原和非标记抗原通过洗涤去除。非标记抗原浓度越高，则结合到包被抗原上的量就越多，而酶标记抗原结合在包被抗体上的量就越少；相反，非标记抗原浓度越低，则结合到包被抗体上的标记抗原的量就越多。对照孔中不加入非标记抗原，只加标记抗原。这样对照孔中结合的酶标记抗原的量最多，酶反应产物的颜色越深。而测定孔中颜色的深浅则反映了非标记抗原（待测物）的浓度，颜色越深则非标记抗原（待测物）的浓度越低，颜色越浅则（待测物）浓度越高。同样夹心法和间接法也有相应的竞争法，其中以间接竞争法最为常用。

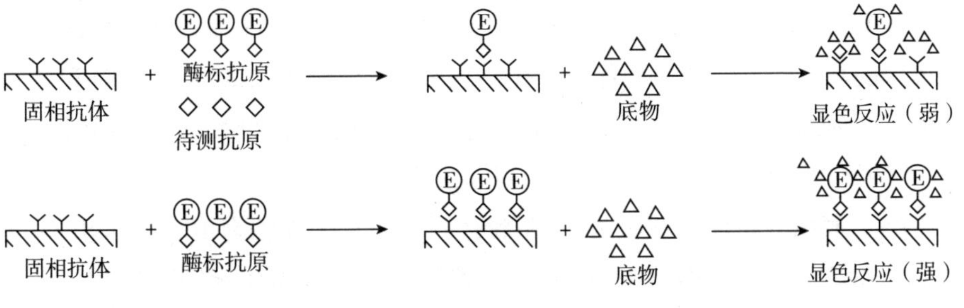

图 6-2 酶标抗原竞争 EUSA 示意图

（二）ELISA 的操作过程

不同 ELISA 的具体操作过程不完全相同，但是基本的过程是一致的。下面以间接竞争 ELISA 测定黄曲霉毒素 B_1（AFB_1）为例，对 ELISA 的具体操作过程叙述如下。

（1）抗原包被。将 AFB_1 与牛血清白蛋白（BSA）的连接物 AFB_1-BSA（也可以是卵清蛋白的连接物 AFB_1-OV）溶解于 0.1mol/L pH 9.5 碳酸盐缓冲液中，将溶液加入酶标板的微孔内，通常每孔加 200μL，4℃放置过夜取出恢复至室温，倾去微孔内溶液（包被液），以含有 0.05%的吐温-20 的 pH 7.0 0.05mol/L 的磷酸盐缓冲溶液（PBST）满孔洗涤 3 次，每次 5min，扣干，即得到包被有 AFB_1-BSA 的酶标板。在这个过程中 AFB_1-BSA 通过物理吸附包被（黏附）在酶标板微孔的内壁上，没有包被的抗原被洗涤去除。

（2）封阻。即酶标板被抗原包被后，在微孔中加入一定浓度的 BSA、OV、明胶或脱脂牛奶等溶液以封住微孔内没有被抗原包被的空隙，避免抗体的非特异性吸附于这些空隙，以提高实验结果的准确性和可靠度的操作。常用的封阻剂包括 BSA、OV、明胶和脱脂牛奶等。

（3）抗原抗体竞争反应。在酶标板的每个微孔中加入一定量的（如 90μL）、适当稀释度的抗体（抗血清），同时分别加入一定量的（如 10μL）、不同稀释倍数的 AFB_1 标准溶液，或待测样品的抽提液（不同浓度的 AFB_1 标准溶液用于作标准曲线），混匀，37℃保温保湿 1~2h，包被在酶标板上的固定抗原（AFB_1-BSA）和添加的 AFB_1 标准品或样品抽提液中的 AFB_1 游离抗原竞争抗体的结合位点，PBST 洗涤扣干 3 次，确保游离的抗原抗体复合物被洗涤去除。

（4）酶标二抗与抗原抗体复合物的反应。将一定量（如 100μL）的、适当稀释的酶标二抗溶液加入各反应孔，37℃保温保湿 1~2h，酶标二抗和抗原抗体复合物反应，形成抗原—抗体—酶标二抗的复合物固定在酶标板上，PBST 洗涤扣干 5 次，将游离多余的酶标二抗去除。

（5）底物显色反应和吸光值的测定。每孔加反应底物 100μL（40mg 邻苯二胺溶于 100mL pH 5.0 0.2mol/L 柠檬酸—0.1mol/L 磷酸氢钠缓冲溶液，加入 150μL H_2O_2，现配现用），37℃保温保湿，避光反应 30min，每孔加 50μL 2mol/L H_2SO_4 终止反应，5min 后，以酶联免疫测定仪于 490nm 测吸光值。

（6）ELISA 竞争抑制曲线。以 AFB_1 标准物溶液中的 AFB_1 的浓度对数为横坐标，以不同 AFB_1 浓度所对应的吸光值和 AFB_1 浓度为零时吸光值的比值的百分数（称为竞争抑制率）为纵坐标，绘制 ELISA 竞争抑制曲线。根据样品抽提液的吸光值，利用竞争抑制曲线，计算出样品中 AFB_1 的含量。上述 ELISA 的操作过程图见图 6-3。

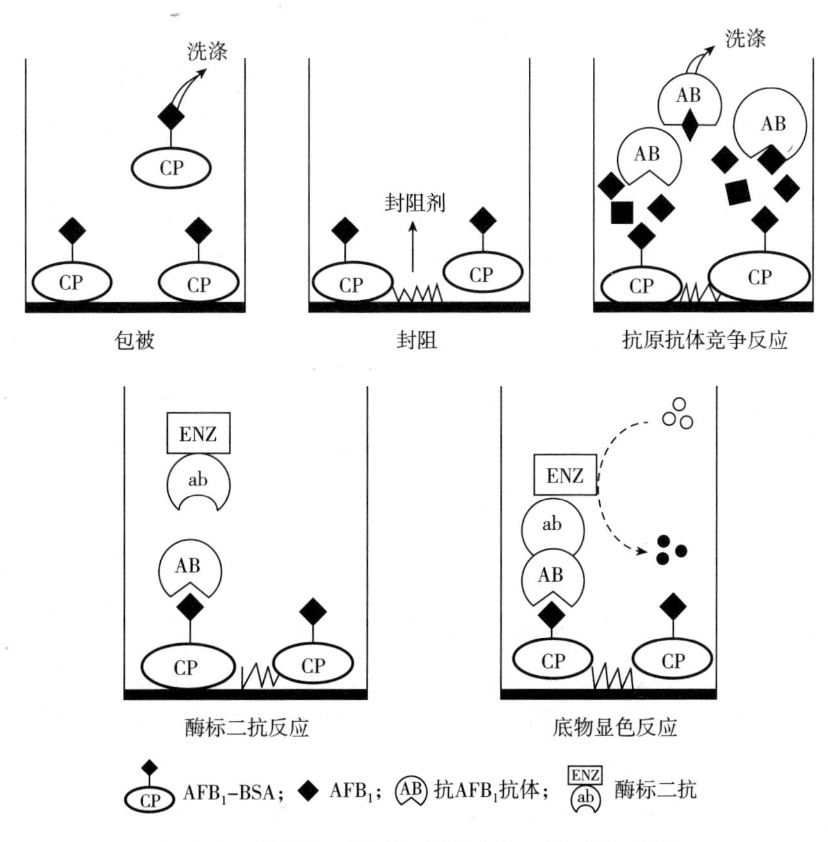

图 6-3 间接竞争 ELISA 测定 AFB_1 的过程示意图

（三）应用举例

（1）结核分枝杆菌主要的分泌蛋白 MPB70、MPB83 和 ESAT6 是结核分枝杆菌的特征性蛋白，其中 MPB70 是牛分枝杆菌主要的分泌性蛋白之一，是重要的体液免疫和细胞免疫靶抗原，也是最早被用于建立牛结核病间接 ELISA 方法的抗原蛋白之一。研究人员选用这三种抗原性和特异性较高的抗原，以串联融合的形式在大肠杆菌中实现了高效表达，获得了融合蛋白。

将该融合蛋白吸附于固相载体上，加入待检血清（含抗结核分枝杆菌抗体）与固相抗原结合，再加入酶标抗球蛋白抗体和底物进行显色反应。如果 OD 值符合上述结果判定标准，则说明待检血清中含有抗结合杆菌抗体，提示受检牲畜可能被结合杆菌感染。用此方法实现牛结核病的快速诊断。

同理，将猪口蹄疫病毒、高致病性禽流感病毒、霍乱弧菌、肝炎病毒等病原微生物的特异性抗原分别吸附于固相载体上，均可利用间接 ELISA 技术检测血清中相应的抗体，用来对病毒性或细菌性传染病的实验诊断。

（2）葡萄球菌产生的肠毒素常污染多种食品。如牛奶、酱肉、鱼类、熟鸡和罐头等，频繁引起人、畜发生食物中毒。采用双抗夹心 ELISA 方法能够准确快速地检测食品中是否有产肠毒素性葡萄球菌污染，并可作为葡萄球菌食物中毒的诊断方法。将能够产生葡萄球菌肠毒素的标准菌株在特定的产毒培养基中培养，然后收集、纯化毒素。将毒素免疫动物制备特异性抗体。建立双抗夹心法检测待测标本中是否含有肠毒素。先将制备好的抗体吸附于固相载体上，经过洗涤和封闭，加入待测样品，温育、洗涤后加入酶标抗体，再加底物显色测 OD。如果 OD 值符合结果判定标准（见间接 ELISA），则说明待检标本可能被葡萄球菌肠毒素污染或污染有能够产生肠毒素的葡萄球菌。

（3）志贺氏菌是引起细菌性痢疾最为常见的致病菌。细菌性痢疾是最多发的、全世界范围内的肠道传染病，全世界每年细菌性痢疾的病例超过 2 亿，年死亡人数超过 65 万。双抗夹心法可以有效检测出待检标本中的志贺氏菌。首先，培养志贺氏菌、收集菌体。将菌体加热灭活后制成菌悬液，皮下注射于新西兰大耳白兔，分离血清，经过纯化获得志贺氏菌的特异性抗体。将此抗体吸附于固相载体上，经过洗涤和封闭，加入待测样品，温育、洗涤后加入酶标抗体，再加底物显色测 OD 值。如果 OD 值符合结果判定标准（见间接 ELISA），则说明待检标本可能被志贺氏菌污染。

（4）对正常人和动物血清中 IgG 含量的检测是评价其自身免疫功能的主要方法之一。IgG 含量的检测可以采用双抗夹心法。同理，首先需要纯化人或动物体的 IgG，用此 IgG 免疫家兔或其他动物，获得抗 IgG 的高效价抗体，纯化后备用。将此抗体吸附于固相载体上，经过洗涤和封闭，加入待测样品，温育、洗涤后加入酶标抗体，再加底物显色，测得的 OD 值可根据标准曲线得到对应的 IgG 含量。

（5）斑点 ELISA 检测口蹄疫病毒。取一片硝酸纤维素膜，打孔器压迹后，放入蒸馏水泡 20min，取出自然干燥。用微量注射器将 3~5μL 病毒液点于圈内，37℃干燥。加入封闭液，37℃ 30min，洗涤 2 次，晾干。按压迹剪下膜片，放入微量反应孔板中，加入待检血清样本，37℃ 1.5h，洗涤 2 次，加入酶标抗 IgG 抗体，37℃ 1.5h，洗涤 3 次，晾干，加入底物液，避光显色 10~20min，水洗终止反应。样品点为深褐色或红棕色判断为阳性。

三、放射免疫分析测定技术检测食品微生物

（一）放射免疫检测技术的原理

放射免疫检测技术是目前灵敏度最高的检测技术，利用放射性同位素标记抗原（或抗体），通过竞争结合的原理使标本中待检抗原与标记抗原竞争结合有限的抗体，测定结合相中的放射性强度，可推测标本中待检抗原含量（图 6-4）。若将抗原抗体复合物与游离标记抗原分开，分别测定其放射性强度，就可算出结合态的标记抗原（*B*）与游离态的标记抗原（*F*）的比值（*B/F*），或算出其结合率［*B*/(*B*+*F*)］，这与标本中的抗量呈函数关系。用一系列不同剂量的标准抗原进行反应，计算相应的 *B/F*，可以绘制出一条剂量反应曲线。受检标本在同样条件下进行测定，计算 *B/F* 值，即可在剂量反应曲线上查出标本中抗原的含量。

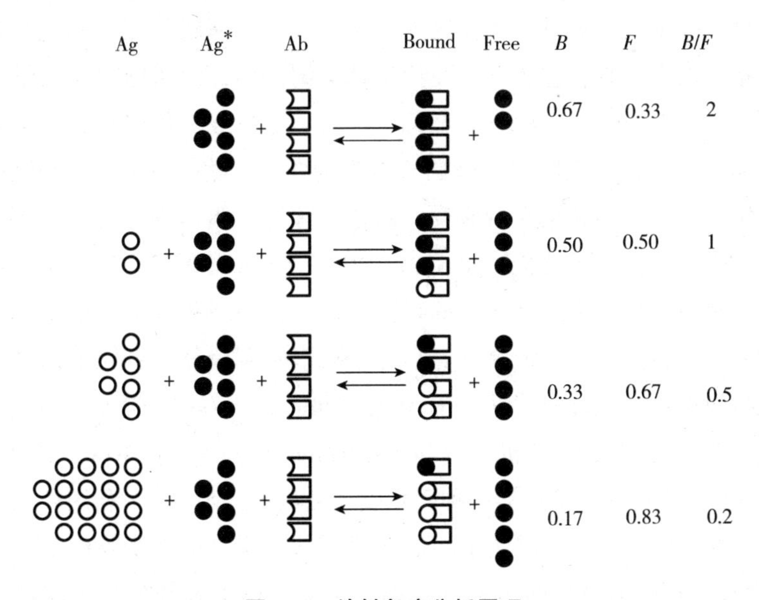

图 6-4 放射免疫分析原理

放射性同位素具有皮克级的灵敏度，且利用反复曝光的方法可对痕量物

质进行定量检测，但放射性同位素对人体的损伤也限制了该方法的使用。随着各种非同位素免疫标记技术的出现和完善，有些检测项目将取代放射免疫技术。但它毕竟是定量分析方法的先进技术，随着科学技术的进步，放射免疫分析技术将会得到更加广泛深入的发展。

（二）应用举例

新型隐球菌性脑膜炎死亡率很高，传统的诊断主要直接根据脑脊液图片及真菌培养的方法。荚膜多糖是新型隐球菌的特征性抗原性物质。研究人员在提取纯化荚膜多糖抗原的基础上，制备了新型隐球菌荚膜多糖抗体，建立的免疫放射测定法检测新型隐球菌性脑膜炎病人脑脊液中的荚膜多糖，作为新型隐球菌性脑膜炎的辅助诊断。采用氯胺-T 氧化法制备 125I 标记的抗新型隐球菌荚膜多糖抗体。将抗新型隐球菌荚膜多糖抗体吸附于固相载体上，孵育、洗涤、封闭后，加入待检脑脊液，孵育、洗涤后加入 2I 标记的抗新型隐球菌荚膜多糖抗体，孵育、洗涤后用放射检测仪检测。

四、免疫胶体金技术在食品微生物检测中的应用

免疫胶体金技术是以胶体金这样一种特殊的金属颗粒作为标记物的。胶体金是指金的水溶胶，它能迅速而稳定地吸附蛋白，对蛋白的生物学活性则没有明显的影响。因此，用胶体金标记一抗、二抗或其他能特异性结合免疫球蛋白的分子（如葡萄球菌 A 蛋白）等作为探针，就能对组织或细胞内的抗原进行定性、定位，甚至定量研究。胶体金除了与蛋白质结合以外，还可以与许多其他生物大分子结合，如 SPA、PHA、ConA 等。该方法是将二抗标记上胶体金颗粒，利用抗原抗体间的特异性反应，最终将胶体金标记的二抗吸附于渗滤膜上，实质上是蛋白质等高分子被吸附到胶体金颗粒表面的包被过程。包括快速免疫金渗滤法（Immuogold Filtration Assay，IGFA）即穿流式的固相膜免疫测定和免疫层析法（Immunochromatogra-phy，ICA）两种。ICA 是继 IGFA 之后发展起来的另一种固相膜免疫测定，与 IGFA 利用微局限性膜的过滤性能不同，免疫色谱法中滴加在膜一端的样品溶液受膜的毛细管作用（基于色谱作用的横流）向另一端移动。移动过程中被分析物与固定在膜上某一区域的受体（抗原或者抗体）结合而被固相化，无关物质则越过该区域被分离，然后通过标记物显色来判定试验结果，以胶体金为标记物的实验称

为胶体金免疫色谱试验。

免疫胶体金技术检测方法简单而快速，无需仪器设备，操作人员无须特殊训练；试剂稳定，适用于单份测定，可以快速检测多种致病菌。胶体金免疫层析法能快速、灵敏检测金黄色葡萄球菌和沙门氏菌，无须特殊仪器设备，适合现场检测之用。

表 6-1 列举了部分免疫胶体金检测技术在食品微生物检验中的应用。

表 6-1 免疫胶体金检测技术在食品微生物检验中的应用

检测项目	基本原理与检出限	应用介质
氨基甲酸甲酯	竞争抗体法，检出限 0.25μg/mL	蔬菜、水果
雌二醇	竞争抗体法，检出限 0.1μg/mL	水产品
B 型肉毒毒素	双抗夹心法，检出限 0.05μg/mL	肉或肉制品
盐酸克仑特罗	竞争抗体法，检出限 3.0μg/mL	畜禽、水产品
罂粟碱	竞争抗体法，检出限 0.2μg/mL	食糖、饼干、白葡萄酒
幽门螺杆菌	该试纸包被尿素酶单克隆抗体、CagA 或 VacA 单克隆抗体和抗鼠多克隆抗体	哺乳动物口腔唾液、胃液、反流呕吐、牙斑、粪便
CryI（Ab）蛋白、CP4-EP-SPS 蛋白	在蛋白水平上进行检测，对转基因大豆 CP4-EPSPS 检出限可达 0.1%	转基因玉米、大豆
Cry9C 蛋白	试纸条，0.25%水平	转基因玉米
阿片生物碱	竞争抗体法，反应时间 5min	火锅汤料、调料、凉皮等

第二节　分子生物学检测法

一、核酸探针技术检测食品微生物

（一）核酸分子杂交的基本原理

20 世纪 60 年代核酸杂交技术开始兴起。在细胞中，两条 DNA 分子上的碱基根据 A：T 和 C：G 配对的原则结合为螺旋状双链结构，这种双链结构相对于单链结构要更稳定。核酸杂交的原理就是根据以上碱基配对的原则，使得单链的 DNA 分子之间、单链 RNA 分子之间，或者单链 DNA 和单链 RNA 分子之间形成相对稳定的双链核酸结构。

最初探针与靶序列的杂交在溶液中进行，然后通过密度梯度离心方法分离和检测杂交体。这种方法费时费力，精确度差。随后，核酸杂交由液相杂交改良为固相杂交。接下来随着固定滤膜的不断改进，固定效果得到不断提高。硝酸纤维素（NC）膜上和早期的核酸探针也多为非特异性的，往往用于比较不同基因组之间的复杂度和相似性；探针标记多采用放射性标记，因此在操作上多有不便。20世纪末，基因克隆技术取得了突飞猛进的发展，大量基因被克隆，特异性探针的合成成为一种普通方法。固相化学技术和核酸自动合成仪的诞生使制备寡核苷酸探针变得快捷和廉价。加上限制内切酶的大量使用使得制备各种大小和特异性的探针成为可能，杂交的重复性和定量分析的可信度大大提高。

目前，核酸探针的放射性标记物已经由非放射性的荧光素或酶等标记物所取代。杂交信号的检测技术也越来越精确和便于定量。

（二）核酸探针

生物化学和分子生物学实验技术中的探针是用于指示特定物质（如核酸、蛋白质、细胞结构等）的性质或状态的一类标记分子。核酸探针是带有标记物且序列已知的核酸片段，能与待测核酸中的特定序列特异杂交，形成的杂交体可以检测。核酸探针是否合适是决定核酸杂交分析能否成功的关键。合适的核酸探针具备以下条件：特异性高，只与待测核酸样品中的互补序列杂交；为单链核酸，双链核酸探针使用前要先变性解链；带有标记物，标记物稳定且灵敏度高，检测方便。

1. 核酸探针种类

根据来源和性质的不同，可以把核酸探针分为基因组DNA探针、RNA探针、cDNA探针和寡核苷酸探针等。

（1）基因组DNA探针。可以直接从基因组文库中选取目的基因克隆，经过酶切制备，也可以通过聚合酶链反应扩增基因组DNA中的目的基因序列制备。基因组DNA探针包含目的基因的全部序列或部分序列，是最常用的DNA探针。制备基因组DNA探针应尽量选用编码序列，避免选用非编码序列，因为非编码序列特异性低，会得到假阳性杂交结果。

（2）RNA探针。可以用带有噬菌体DNA启动子的质粒载体制备。RNA探针具有以下特点：单链核酸探针不会自身退火，杂交效率较高，杂交体的稳定性更好；不含高度重复序列，所以非特异性杂交也较少；杂交之后可以用 RNase 降解游离的 RNA 探针，从而降低本底（background，这里指样品背景的信号值）；有标记复杂，容易降解的缺点。

（3）cDNA 探针。不含内含子等非编码序列，所以特异性高，是一类较为理想的核酸探针，尤其适用于研究基因表达。不过 cDNA 探针不易制备，因此使用不广。

（4）寡核苷酸探针。根据已知核酸序列人工合成的 DNA 探针，或根据编码产物氨基酸序列推导并合成的简并探针（degenerate probe，编码同一氨基酸序列的寡核苷酸的混合物），具有以下特点：复杂性低，因而杂交时间短；单链 DNA 探针不会自身退火；多数寡核苷酸探针长度只有 17~30nt，只要其中有一个碱基错配就会影响杂交体的稳定性，因而特别适用于分析点突变。

2. 核酸探针标记物

同位素标记虽然非常灵敏，但对人体健康有一定危害，要求有防护条件且废物处理较麻烦，同时使用时间受半寿期的影响，应用受到一定限制。

非放射性标记虽然杂交反应后的检测较为烦琐，但相对安全可靠，探针可以反复使用而且不受时间限制，灵敏度也接近放射性标记，因而很受欢迎。常用的标记物有半抗原类的生物素、地高辛等，半抗原标记可以通过抗原抗体反应，利用抗体偶联的碱性磷酸酶催化不同的底物进行显色反应或产生可发出荧光的物质。以生物素为例，它是一种小分子水溶性维生素，核苷酸的生物素衍生物（如在尿嘧啶环的 C-5 位置上通过 11-16 碳臂共价，连接一个生物素分子就形成生物素-UTP 或生物素-dUTP）可以作为标记物前体掺入核苷酸，掺入方法与同位素标记反应相同，且掺入后不影响核酸合成及杂交时的碱基配对特性。杂交后，杂合分子中杂交链上的生物素可以用抗生物素蛋白即亲和素或链亲和素来检出。二者都有四个分别独立的生物素结合位点，具有极高的结合能力，比一般的抗原-抗体间亲和力大 10^6 倍。抗生物素蛋白与可催化颜色反应的碱性磷酸酶偶联，在杂交完成后，就可以通过磷酸酶催化的显色反应直接看到实验结果或者经酶促发光底物降解，产生荧光，再经 X 光片曝光观察结果，如图 6-5 所示。使用发光底物，检测的灵敏度与放射性同位素接近，所需要的时间比放射性自显影更短，同时操作安全，稳定性和重复性好，杂交后产生的背景比同位素低，已被众多实验室广泛采纳和应用。

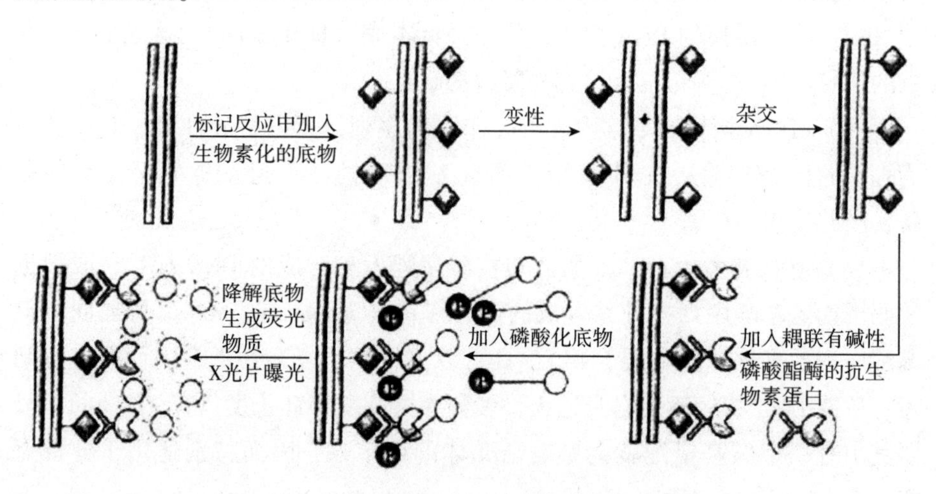

图 6-5 生物素标记探针检测核酸过程示意图

(三) 常用的核酸分子杂交技术

1. Southern 印迹杂交

Southern 印迹杂交是一种用来检测 DNA 样本中是否含有某种特异性序列的检测技术，常用于检测基因组中是否含有某个基因或某种序列，及是否存在与探针序列相同或相似的序列。Southern 印迹杂交技术是经典的基因分析方法，被广泛地用于基因组 DNA 的定性和定量分析、基因突变、基因多态性分析、克隆基因的限制酶图谱分析等。

2. Northern 印迹杂交

1977 年，美国斯坦福大学的 J. C. Alwine 等建立了以 RNA 为靶核酸的印迹杂交技术，是将待测 RNA 样品经电泳分离后转移到固相支持物上，然后与标记的核酸探针进行杂交，对靶 RNA 进行定性和定量分析的方法。因为与 Southern 印迹杂交技术十分类似，被称为 Northern 印迹杂交（Northern blotting）。

Northern 印迹杂交的基本步骤如图 6-6 所示。所产生的带标记的条带可用 X 光胶片检测。如果未知 RNA 旁边的泳道上有已知大小的标准 RNA，就可以知道与探针杂交发亮的 RNA 条带的大小。Northern 印迹还可以告诉我们基因转录物的丰度，条带所含 RNA 越多，与之结合的探针就越多，曝光后胶片上的条带就越黑，可以通过密度计测量条带的吸光度来定量条带的黑度，或用磷屏成像法直接定量条带上标记的量。

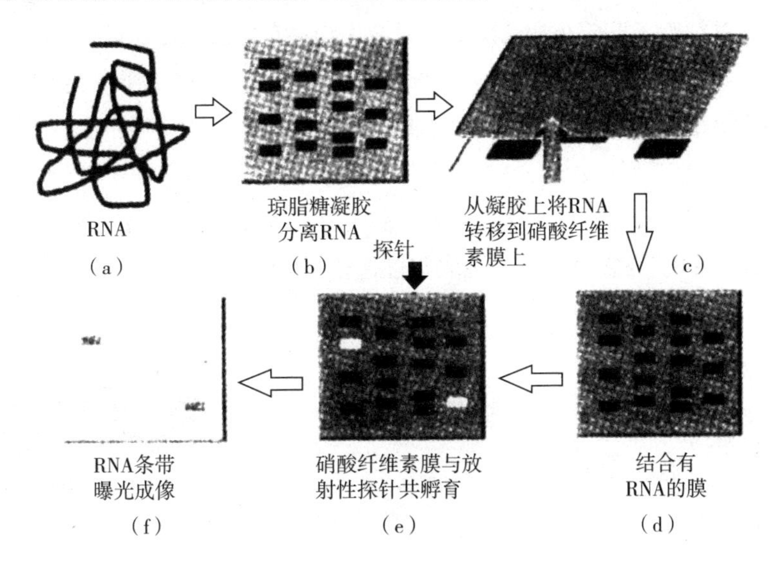

图 6-6 Northern 印迹杂交技术流程

Northern 印迹杂交方法可对样品中总 RNA 或特定 mRNA 分子进行定性、定量分析，是研究基因表达在转录水平的调节以及 cDNA 合成的重要手段。

3. 斑点印迹杂交

斑点印迹杂交是在 Southern 印迹杂交的基础上发展而来的快速检测特异核酸（DNA 或 RNA）分子的杂交技术。

斑点印迹杂交的做法是将核酸样品变性后直接点样于滤膜表面，再与标记的探针进行杂交的方法以检测核酸样品中是否存在特定的 DNA 或 RNA。斑点印迹杂交方法减少了琼脂糖凝胶电泳和印迹过程，简单、快速，同一张膜可检测多个样品，对于核酸粗提样品的检测效果较好。缺点是不能鉴定所测基因的相对分子质量，而且特异性不高，有时会出现假阳性。

斑点印迹杂交适合半定量分析，多用于病原体基因检测，也可检测人类基因组中的 DNA 序列。

4. 原位杂交

原位杂交是将标记的核酸探针与固定在细胞或组织中的核酸进行杂交，对核酸进行定性、定位和相对定量分析的方法。其优点是无须从组织或细胞中提取核酸。能完整保持细胞或组织形态；可以对组织中的单一细胞进行研究，对含量极低的靶序列灵敏度高；可同时检测多个探针。原位杂交可以确定探针的互补序列在细胞内或染色质上的空间位置，具有重要的生物学和病理学意义，可对细胞亚群分布和动向及病原微生物存在方式和部位进行分析。

原位杂交根据杂交对象的不同分为菌落原位杂交和组织原位杂交。

（1）菌落原位杂交。菌落原位杂交是指将转化或感染后的菌落影印在滤膜上，用碱裂解释出 DNA，中和后洗净烘干，再用放射性同位素标记的 DNA 或 RNA 探针进行杂交，放射自显影检测菌落杂交信号，并与平板上的菌落对位，在保留的原菌落的平板上挑取阳性菌落进行扩增（图 6-7）。该方法主要用于重组细菌克隆的筛选。

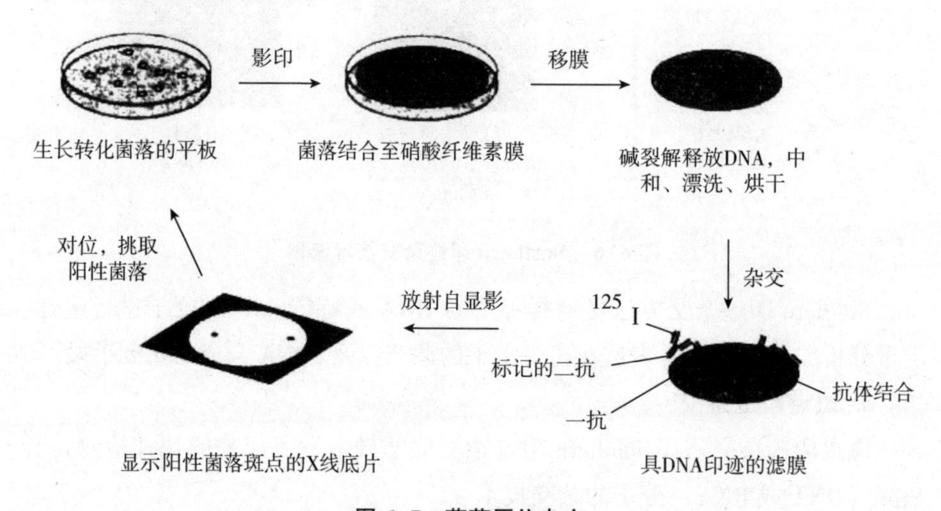

图 6-7 菌落原位杂交

（2）组织原位杂交。组织原位杂交是指针对组织或细胞的原位杂交，其基本原理是利用经标记的已知序列核酸探针与组织切片、细胞涂片、培养细胞或染色体标本中的靶核酸进行分子杂交。通过检测标记探针在组织、细胞中的分布，进而分析靶基因及其转录产物在细胞中的定位和含量。

（四）核酸分子杂交技术在食品微生物检测中的应用

核酸分子杂交技术的适用范围如下。

（1）用于检测无法培养、不能用作生化鉴定、不可观察的微生物产物以及缺乏诊断抗原等方面的检测，如肠毒素基因。

（2）用于检测同食源性感染有关的病毒病，如检测肝炎病毒、流行病学调查研究、区分有毒和无毒菌株。

（3）检测细菌内抗药基因。

（4）分析食品是否会被某些耐药菌株污染，判定食品污染的特性。

（5）细菌分型，包括 rRNA 分型。

随着食品微生物检测技术的发展，核酸分子杂交技术已被更加频繁地应用到大肠杆菌、沙门氏菌、金黄色葡萄球菌等食源性病菌的检测中，其特点是特异、敏感又没有放射性，且因不需要进行复杂的增菌和获得纯培养而节省了时间，降低了由质粒决定的毒力丧失的概率，从而提高了检测的准确性。

二、PCR 技术检测食品微生物

（一）PCR 技术的基本原理

PCR 技术是根据生物体内 DNA 复制的某些特点而设计的在体外对特定 DNA 序列进行快速扩增的一项新技术。随着热稳定 DNA 聚合酶和自动化热循环仪的成功研制使 PCR 技术的操作程序在很大程度上得到了简化，并迅速被世界各国科技工作者广泛地应用于基因研究的各个领域。

PCR 在体外酶促扩增 DNA 的原理，与天然 DNA 在体内的复制机制类似。PCR 扩增一个模板，要求一对寡核苷酸引物，四种脱氧核苷三磷酸（dNTP）、Mg^{2}+和进行 DNA 合成的 TaqDNA 聚合酶。PCR 的过程包括变性、退火和延伸三个基本步骤（图 6-8）。

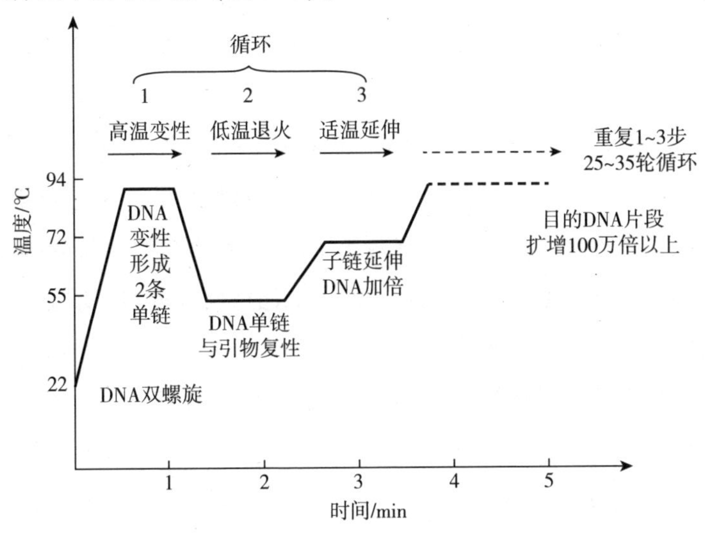

图 6-8 PCR 的基本步骤

（1）模板DNA的变性。根据DNA在高温下可发生变性的原理，当温度升高至95℃左右一定时间后，模板DNA双螺旋内部的氢键断裂，双链解链成单链，以便它与引物结合。变性温度选择在90~96℃，既能使模板DNA双链变性，又能保持Taq DNA聚合酶活力。若温度低于90℃，则会造成DNA变性不完全、双链没有完全解链就很快复性，导致减少PCR的扩增产量。

（2）模板DNA与引物的退火（复性）。根据低温复性的原理，在温度降低至合适的温度（一般为25~65℃）时，引物与其互补的单链DNA模板按碱基互补配对的原则准确结合。退火温度一般选择低于引物Tm值5℃。可根据公式Tm=4（G+C）+2（A+T）进行计算，退火温度太低容易出现非特异性扩增。

（3）引物的延伸。DNA新链合成的延伸阶段反应温度选择在70~75℃，此时，Taq DNA聚合酶具有较高的活性。在Taq DNA聚合酶和四种脱氧核苷三磷酸底物及Mg^{2}+存在的条件下，以引物为起点沿着互补的单链模板进行DNA新链的延伸反应。

以上变性、退火、延伸三个基本步骤构成PCR循环。每一次循环的产物可以作为下一次循环的模板，这样每循环一次目的DNA的拷贝数就增加一倍。延伸时间可根据所扩增目的DNA的长度而定。

图6-9是PCR技术原理示意图，从图中可以看出：如果考虑一个初始DNA分子的PCR产物，在第一循环得到两条长链DNA，其两股新生链的5′端是确定的，3′端是不确定的；在第二循环得到四条长链DNA，有两股新生短链DNA就是要扩增的目的DNA序列，另外两股新生链3′端依然是不确定的；在第三循环得到八条DNA，有两条短链DNA是最终要得到的目的DNA双链。PCR的循环次数一般为25~35次，如循环次数过多会增加非特异产物的生成。PCR的扩增效率平均约为75%，循环n次之后的扩增倍数约为$(1+75\%)^n$。PCR循环一次需要2~3min，不到2h将目的DNA扩增几百万倍的工作即可完成。PCR的反应产物不需要再纯化，就能保证足够数量和纯度的DNA片段进行后续的分析与检测。

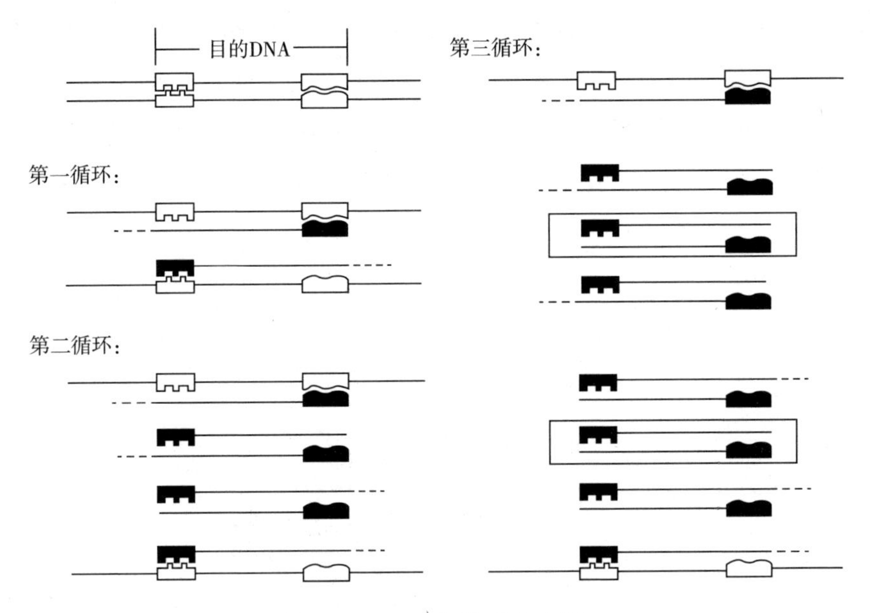

图 6-9 PCR 技术原理示意图

（二）PCR 的种类

1. 多重 PCR

常规 PCR 反应是通过一对引物扩增获得一条特异的 DNA 片段。但当被检测的基因超过 PCR 能扩增的 DNA 片段长度时，需分段进行多次 PCR 扩增，耗时费力。

多重 PCR（multiplex PCR）又称复合 PCR，是在常规 PCR 基础上改进发展起来的，是在同一个反应中采用多对引物，对同一模板链的不同区域扩增出多条目的 DNA 片段。多重 PCR 具有灵敏度高、简便、快速的特点，适用于检测单拷贝基因的缺失、重排或插入等异常改变，以及小片段缺失，且结果可靠。在临床诊断上，常用多重 PCR 检测分别来自正常人和患者的 DNA 片段，如果患者基因某一区段缺失，则在相应的电泳图谱上此段 PCR 扩增产物的长度会减少或消失，从而可以发现基因的异常改变（图 6-10）。

多重 PCR 并不是单一 PCR 的简单混合，在实际操作时其扩增结果会受到反应条件和反应体系等多种因素的影响，其中引物设计及反应体系中各引物的浓度对多重 PCR 的成功尤为重要。多重 PCR 中的每对引物除须满足单引物 PCR 体系的引物设计原则外，在引物设计时还应注意：各引物必须保持高度的特异性，避免非特异扩增；引物的 3′端序列之间尽量避免互补，引物长度要比一般 PCR 反应引物稍长，以 22~30bp 为宜；各引物对应保持一致的扩增效率。

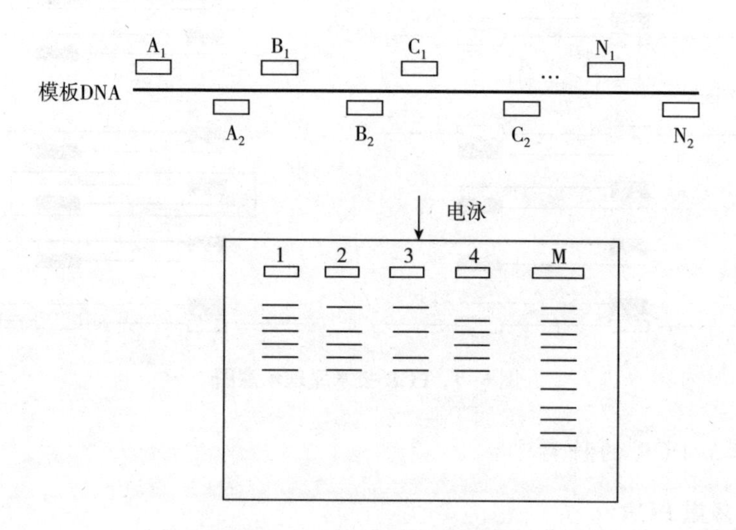

图 6-10　多重 PCR 示意图

多对引物：A_1-A_2，B_1-B_2，C_1-C_2，至 N_1-N_2；

凝胶电泳结果：泳道 1：正常人对照；泳道 2，3，4：不同患者标本；泳道 M：相对分子质量标准

2. 巢式 PCR

巢式 PCR（nested PCR）是一种改进的 PCR 方法，利用两套 PCR 引物扩增特异的 DNA 片段。巢式 PCR 进行两轮 PCR 扩增反应，第一轮扩增中，外侧引物扩增的产物与普通 PCR 相似；第二轮扩增时内侧引物结合在第一轮 PCR 的产物内部，扩增特异靶 DNA 序列（图 6-11）。由于非目的 DNA 同时包含两套引物结合位点的可能性非常小，确保了第二轮 PCR 产物的特异性和准确性。因此巢式 PCR 可以增加有限量靶序列（如稀有 mRNA）的灵敏度，并且提高特异性。

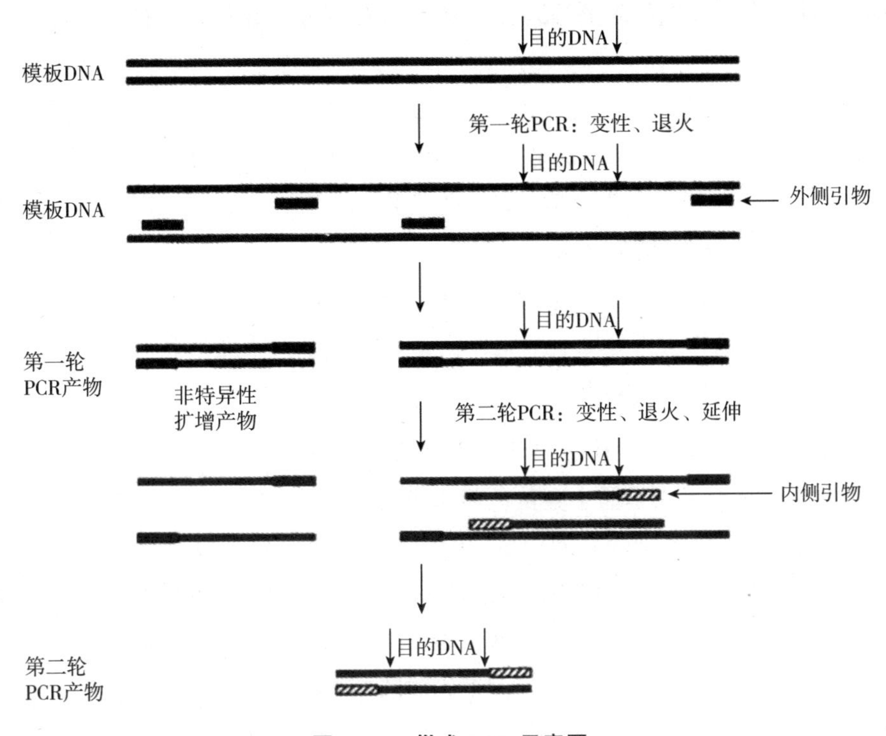

图 6-11 巢式 PCR 示意图

3. 定量 PCR

定量 PCR（quantitative PCR，qPCR）是指以外参或内参作为标准，通过对 PCR 终产物的分析或 PCR 反应过程的监测，进行 PCR 起始模板量的定量。qPCR 主要用于研究基因表达，可检测特定 DNA 基因表达水平的变化，在肿瘤、代谢紊乱及自身免疫性疾病的分析和诊断中被广泛应用。

实时荧光定量 PCR（real-time fluorescent quantitative PCR，FQ-PCR）是美国 PE 公司于 1995 年开发出的一种新型核酸定量分析技术。FQ-PCR 是指在 PCR 反应体系中加入荧光化学物质，随着 PCR 反应产物的增加，荧光信号强度也等比例增加，借助荧光信号的变化对 PCR 扩增产物进行实时监测，精确计算出 PCR 的起始模板量。常用于基因 DNA 拷贝数和 mRNA 表达定量分析。

PCR 扩增曲线可以分成三个阶段：基线期（荧光背景信号阶段）、对数期（荧光信号指数扩增阶段）和平台期（扩增产物不再呈指数增长）。在基线期，扩增的荧光信号被荧光背景信号所掩盖，无法判断产物量的变化。随着 PCR 循环数的增加，DNA 聚合酶的失活、dNTP 和引物的枯竭、反应副产物焦磷酸对合成反应的阻遏等因素，致使 PCR 并非一直呈指数扩增，而最终进入平台期。

实时定量 PCR 特点：充分利用 PCR 的高效性、核酸分子杂交的特异性、荧光技术的高灵敏度和可计量性、Tag DNA 聚合酶的外切酶活性。在封闭条件下，实时定量 PCR 能够有效检测扩增产物，没有污染，灵敏度高，特异性高，自动化程度高，能实现多重反应。

实时定量 PCR 与逆转录联合可以定量分析 mRNA 以研究基因表达，从而应用于基础研究（等位基因、细胞分化、药物作用、环境影响）与临床诊断（肿瘤、遗传病、病原体）。

（三）PCR 技术在食品微生物检测中的应用

利用 PCR 技术对食品中金黄色葡萄球菌检测时选取的靶基主要为各型肠毒素的基因，但是肠毒素分型较多，给实际的检测工作带来诸多不便，而利用耐热核酸酶（*Tnase*）的基因 Nuc 作为靶基因进行 PCR 检测更为适宜。耐热核酸酶（*Tnase*）为产生金黄色葡萄球菌的典型特征，该酶非常耐热，100℃加热 30min 不易丧失活性。而编码耐热核酸酶的基因 nuc 为金黄色葡萄球菌所特有的并且是高度保守的基因，因而耐热核酸酶的基因 nuc 靶序列是进行 PCR 检测金黄色葡萄球菌的有效方法。

三、环介导等温扩增技术

环介导等温扩增技术（loop-mediated isothermal amplifieation，LAMP）是利用两对特殊引物和有链置换活性的 Bst（bacillus stearothermophilus）DNA 聚合酶，使反应中在模板两端引物结合处循环出现环状单链结构，在等温条件下使引物顺利与模板结合并进行链置换扩增反应。一般情况下，LAMP 可以在 60min 内扩增出 $10^9 \sim 10^{10}$ 倍靶序列拷贝，得到浓度高达 500μg/mL 的 DNA，其扩增产物既可通过常规的荧光定量和电泳检测，也可以通过简易的目测比色和焦磷酸镁浊度检测。若在反应体系中加入反转录酶，LAMP 还可以实现对 RNA 模板的扩增（即 RT-LAMP）。

目前，应用 LAMP 方法已经成功检测到了氨氧化细菌、水中军团菌、结核分枝杆菌、大肠杆菌 O157：H7、迟钝爱德华菌、牙龈卟啉单胞菌、肺炎链球菌、热带念珠菌、奔马赭霉暗色丝孢霉、痢疾志贺氏菌亚群等。

四、基因芯片技术检测食品微生物

基因芯片技术检测转基因食品的步骤：根据食品的不同选择不同的检测片段，并根据这些基因片段设计扩增引物，经 PCR 扩增得到探针，将探针纯化、浓缩后点样于同相支持物上；食品 DNA 提取；目的片段的扩增和标记；杂交和洗涤；杂交结果检测。

基因芯片技术在食品微生物研究中也同样是一种不可或缺的研究工具。如在食品发酵过程中绝大多数活菌都不能体外培养，难以估计产物中的细菌种类和数量，利用基因芯片技术可不经培养直接分析发酵产物中的微生物种群。

五、微生物组及相关研究方法简介

微生物组学是指研究动植物体上共生或病理的微生物生态群体。微生物组包括细菌、古菌、原生动物、真菌和病毒等。研究表明其在宿主的免疫、代谢和激素等方面都发挥着非常重要的作用。

（一）微生物组学研究主要技术

微生物组学是新兴学科，它的发展与高通量基因测序和大数据的生物信息学分析密切相关。主要通过两种方式研究微生物组，一是通过 16SrDNA 基因序列的测定，提供一个全景式的微生物组成；二是通过宏基因组数据分析，深度揭示上述微生物已知和潜在的功能。

1. 基于 16SrDNA 基因序列的微生物组学研究

16SrDNA 的测序是近年来微生物生态领域最核心、最具突破性的技术。通过 Roche 454 焦磷酸测序、Illumina Solexa 合成测序等第二代测序仪高通量测定 16SrDNA 可变区序列，获得全面、系统、结构化的群落结构信息。该方法设计针对 16SrDNA 基因的 V3-V1、V2-V4、V4、V3-V6、V9 等不同区域的引物，通过 PCR 和高通量基因测序，生物信息学分析测序结果。大数据分析一般流程包括：序列提取、质控、相似序列聚类分析（Opera - tional Taxo-nomic Unit，OTU）、种属分类、alpha 以及 beta 多样性分析等，OTU 是 16SrDNA 序列分析的关键控制点之一。

16SrDNA 的测序通过提供丰富的全局性物种类群信息，可在微生物集群的层面揭示它们之间的相互作用。但方法的局限在于注释是基于 OTU，一般情况下仅可将微生物分析到科或属水平，不能精确地鉴定到物种水平。同时特定的基因并不直接测序，加之微生物间基因水平转移和数量众多未知菌株的存在，极大地限制了对未知微生物的发现和进一步研究。

2. 基于微生物组学的宏基因组研究

基于全基因测序的宏基因组技术，通过鸟枪法高通量测序，可以在获得菌群分类数据的同时采集到功能基因信息。此外该技术可以减少 PCR 扩增导致的偏差，原因在于检测时一般直接测序。宏基因组数据分析常包括如下步骤：序列质控——序列组装（也可不经组装，直接比对目标数据库）——比对检测序列与已知微生物基因数据（统计门、纲、目、科、属、种的分类和丰度）——比较物种多样性（如采用 PCA 分析、聚类分析、筛选与样品分组显著相关因子）——分析基因组份（前噬菌体预测、可转座原件、基因预测）——功能注释（比对 KEGG、egg-NOG、CAZy 等数据库，分析代谢通路、主要化合物活性酶、同源性）——抗生素耐药组的比对分析等。

宏基因组测序和 16SrDNA 测序尽管在菌群分布上基本一致，但分辨率差异显著。Ⅱ型糖尿病患者肠道菌群和对照人群在群落层面，并无显著不同；而在功能基因上，宏基因组揭示的信息量明显多于 16SrDNA 测序。宏基因组技术仍然存在一些技术难题需要解决。首先，通过常规的序列相似度注释基因功能，对某些基因而言不准确也存在一定量的误注；其次，存在无法找到匹配的数据库序列，这在病毒组尤甚，有多达 80%的序列无法找到匹配的数据库序列；最后，对于低丰度的菌株的微生物基因组，通过宏基因组难以将其进行组装拼接。

（二）微生物组学的应用

近年来微生物组学领域已经取得了很大的成就，如用粪便菌群移植（Faecal Microbiota Transplantation，FMT）来治疗肠炎等。FMT 治疗主要指从健康的供体中通过结肠镜将粪便微生物提取物转移到患病受体中，重建肠道微生物的完整群落来逆转微生态失调。而在 FMT 的应用中，以耐艰难梭菌感染结肠炎的成功率最高。有研究提出，FMT 对耐艰难梭菌感染结肠炎的治愈率大于 85%，甚至大于 90%。另一项随机对照试验显示，将 FMT 应用于溃疡性结肠炎患者，其治疗组和空白对照组的缓解率分别为 24%（5/38）和 5%

（2/37）。除耐艰难梭菌感染结肠炎和溃疡性结肠炎外，FMT 在其他疾病中的应用也很广泛，如帕金森病、肥胖和代谢综合征及多发性硬化症。目前，虽然粪便移植的研究涉及肠道内外疾病，但 FMT 尚未被用于 RA 患者。然而，当讨论该方法在炎症性关节炎中的潜在应用时，有学者提出 FMT 在炎症性肠病中的研究结果与炎症性关节炎是相关的，特别是与溃疡性结肠炎相比，脊柱关节炎和克罗恩病之间有更强的关联，如果在克罗恩病中能获得更好的 FMT 结果，预期脊柱关节炎将对 FMT 产生良好反应。虽然有大量文献支持 FMT 的治疗潜力，但其是否可以适应 RA 仍需大量研究。

据 Tanoue T 2019 年 1 月 23 日报道，日本研究人员开发了一种新的免疫介导的疾病治疗方法，基于合理确定的源自人类微生物组的细菌混合物，产生抗肿瘤免疫，即利用人体肠道菌群诱导产生干扰素 γ（IFNγ）的 CD8T 细胞在肠道和肿瘤中积累，来增强抗癌免疫。

Honda K 及其团队鉴定并筛选出一种合理确定的源自人类微生物组的细菌菌株混合物，该细菌菌株混合物利用这种抗肿瘤机制，并协同性地加强对免疫检查点抑制剂和免疫挑战作出的反应。这项研究证实，调节肠道菌群可能是增强免疫反应从而有助于抵抗癌症和感染的一种强有力的工具。在针对人类微生物组在调节一系列免疫反应中发挥的作用而开展的开创性研究的基础上，也为受到专利保护的先导抗癌候选药物 VE800 提供了坚实的科学基础。

这项研究首次证实协同增强免疫检查点抑制剂反应的源自人类微生物组的细菌混合物是能够被确定出来的。解决了将人类微生物组的复杂群落减少到几种合理确定的细菌物种所面临的挑战，这几种细菌物种能够诱导强大的免疫增强反应，并且直接将它们的活性与促进抗肿瘤免疫反应的途径相关联在一起。

微生物群落在酒发酵过程中扮演着不同的角色，对酒的发酵起着至关重要的作用。研究者们利用宏基因组数据，构建代谢途径，能够为微生物群落的代谢特征提供更加详细的解析。例如，在酱香型白酒发酵过程中，Chen B 等报道，宛氏拟青霉具有最高的葡糖淀粉酶活性，米曲霉在可培养的真菌物种中显示出最高的 α-淀粉酶活性。此外，在宛氏拟青霉和米曲霉生长与堆积发酵过程中淀粉和还原糖的含量变化是一致的，表明它们在提供淀粉酶水解淀粉方面发挥着重要作用。在中国浓香型白酒中，克氏梭菌被认为是主要风味化合物己酸乙酯前体己酸的主要生产者。在越南米酒的微生物演替和功能特性研究中，根霉被确定为主要的淀粉降解菌，酿酒酵母为主要的乙醇生产者。

酿酒酵母长期用于制备发酵酒精饮料和其他发酵食品，对其基因组学进行分析有助于研究其在发酵酒精饮料中的功能和演替特性。有研究者通过宏基因组学和宏转录组学对从茅台酒制造环境中分离出的酿酒酵母 MT1 进行研究，结果表明，MT1 具有独特的多糖协同作用，它可以同时利用各种糖，包括葡萄糖、蔗糖、半乳糖、麦芽糖、蜜二糖、海藻糖、棉子糖和松二糖。并且在低浓度葡萄糖存在下，己糖转运蛋白 HXT5 和 HXT13 的基因在 MT1 中的表达也会受到抑制。Song G 等对酵母研究群体中常用的 25 种酿酒酵母菌株的基因组进行了重新测定，并开发了一套自动化泛基因组分析。他们还将 11 种替代酿酒酵母参考菌株的基因组序列和相应的注释整合到酵母基因组数据库中，为进一步研究提供数据库。

宏蛋白质组学方法在发酵酒精饮料中也有相关应用，它提高了人们对发酵酒精饮料的认识。有研究者对使用 30 年和 300 年的中国浓香型白酒窖泥采用宏蛋白质组学方法进行了比较，鉴定出 63 种差异表达蛋白；59 种蛋白在 300 年的窖泥中高度表达，这些蛋白参与甲烷生成，形成己酸和丁酸，因此它们在 300 年窖泥发酵过程中可能有助于产生更多的有机化合物。

宏基因组学方法也应用于泡菜中，并有了一定的成果。Jung JY 等运用宏基因组学研究了泡菜 29d 发酵过程中的微生物群落。通过宏基因组的 16SrRNA 基因数据构建的系统发育树分析表明泡菜中优势菌属为明串珠菌属、乳杆菌属和魏斯氏菌属。在基因功能注释方面，采用宏基因组注释技术，揭示了一系列碳水化合物异型乳酸发酵的相关基因，这与检测到的发酵产物甘露醇、乳酸、乙酸乙酯和乙醇等相一致。大多数泡菜的宏基因组序列与肠膜明串珠菌和沙克乳杆菌基因有很高的同源性，说明这两种菌在泡菜发酵中发挥着重要作用。在宏基因组数据库中也鉴定出了大量的噬菌体 DNA 序列，说明发酵过程中微生物群落受到了噬菌体感染。这些结果不仅深入揭示了泡菜发酵中微生物的功能，也揭示了微生物群落对泡菜发酵的影响。

第三节 生物传感器检测法

生物传感器是把具有分子识别功能的生物活性材料，如酶、蛋白质、抗原、抗体、生物膜、细胞等作为敏感元件，固定在特定换能器上进行测定的一类传感器。

目前已经将生物传感器应用于评价食品品质（如对食品的新鲜度、滋味和熟度的分析）、食品成分快速分析（包括对蛋白质、氨基酸、糖类、有机酸、醇类、维生素、矿质元素、胆固醇等成分的分析）、食品安全检测领域（食品微生物、生物毒素、农渔农药残留及食品添加剂等）。

肉制品在储存过程中，随时间的延长，细菌增殖，致使蛋白质分解成尸胺、腐胺。当这些胺达到检测限度时，肉食品的细菌总数已达 10^7cfu/g，用酶传感器进行检测，已证明最为简便有效。

生物传感器以其快捷、灵敏的特性，在食品有害微生物的检测中显示出了强大的生命力。1982 年，Nishikawa 等以 2，6-二氯靛酚为媒介，并用滤膜预富集制成的生物传感器，对细菌的检测极限可达 10^4cfu/mL。1989 年，Muramatsu 等利用固定有大肠杆菌抗体的压电晶体传感器系统对大肠杆菌进行检测，检测限度可达到 10^5cfu/mL。有试验已成功表明，采用光纤传感器与聚合酶链式反应生物放大作用耦合，可实现对食品中李斯特氏菌单细胞基因的检测，而采用酶免疫电流型生物传感器，可实现对存在于食品中少量的沙门氏菌、大肠杆菌和金黄色葡萄球菌等的检测。

科学家运用胶体金 SPR（表面等离子体共振 Surface Plasmon Resonance）生物传感器快速检测大肠杆菌。由于 SPR 对金属表面电介质的折射率非常敏感，不同电介质表面等离子体共振角不同。同种电介质，其附在金属表面的量不同，则 SPR 的响应强度不同。基于这种原理的生物传感器通常将一种具有特异识别属性的分子即配体固定于金属膜表面，监控溶液中的被分析物与该配体的结合过程。在复合物形成或解离过程中，金属膜表面溶液的折射率发生变化，随即被 SPR 生物传感器检测出来。胶体金能稳定又迅速地吸附蛋白质，而蛋白质的生物活性无明显改变。胶体金标记实质上是抗体蛋白等生物大分子被吸附到胶体金颗粒表面的包被过程。采用胶体金复合抗体夹心系统，将 SPR 传感器对大肠杆菌 E. coli O157：H7 的检测限从 10^6cfu/mL 提高到了 10cfu/mL，检测时间为 33~40min。

生物传感器同样可以用于食品中微生物毒素的快速检测。细菌毒素、藻类毒素以及动植物毒素是污染食品的主要生物毒素，其中以细菌毒素和真菌毒素最为常见。为防止毒素超标的食品进入食物链，加强对其的检测至关重要。许多细菌是引起人感染的主要病原体。检验毒素通常采用色谱法和生物学方法等，但这些方法检测时间长，对样品的前处理繁琐，因此以免疫学方法的生物传感器检测方法为代表的各种快速检测方法备受欢迎。如应用表面质粒共振生物传感器检测牛奶样品中的肠毒素 B，灵敏度为 0. 5ng/mL，并可达到实时监控的目的。而利用压电晶体免疫传感器检测葡萄球菌肠毒素 B 时，以聚乙烯亚胺作为媒介，把 SEB 抗体连接到晶体表面，让其选择性与 SEB 结合，通过测定晶体振荡频率的变化来实现对 SEB 定量。检测范围为 2. 5~6. 0μg/mL。这一方法具有很高的灵敏度和特异性。

第四节　微生物酶检测法

微生物专有酶快速反应是基于细菌在繁殖过程中会合成或释放某些特殊的酶这一特点，根据这类酶的性质，可选择合适的底物和指示剂，并将它们分别培养于培养基中，经过一段时间后，细菌开始大量繁殖，并在培养基表面出现颜色的变化，确定需要分离的可疑菌株，反应的测定结果有助于细菌的快速诊断。这种方法与传统手段相比显得更为直观。

利用细菌中某些具有特征性的酶，应用适当的底物可迅速完成细菌鉴定。如沙门菌具有辛酸酯酶，以辛酸-5-溴-4-氯-3-吲哚氧基酯为底物，经沙门菌酶解，在紫外灯下观察游离辛酸-5-溴-4-氯-3-吲哚氧基酯的荧光。现将快速鉴定用的细菌的特异性酶列于表 6-2。

表 6-2　致病菌快速诊断用的特异性酶

部分微生物种类	所具有的特异性酶
脑膜炎奈瑟菌	γ-谷氨酰转肽酶
肠球菌	吡咯芳胺酶（PYR）、亮氨酸氨肽酶（LAP）
沙门菌	辛酸酯酶
大肠埃希菌	β 葡糖醛酸酶

续表

部分微生物种类	所具有的特异性酶
白念珠菌	脯氨酸氨肽酶、N-乙酰 βD 半乳糖苷酶
热带念珠菌	吡咯磷酸酶
产单核李斯特菌	丙氨酰胺肽酶
金黄色葡萄球菌	β 乙酰葡萄糖胺酶
腐生，中间，斯氏葡萄球菌	β 半乳糖苷酶
A 族链球菌	吡咯芳胺酶（PYR）
难辨梭菌	谷氨酸脱氢酶（GDH）、脯氨酸酶
克柔念珠菌	酸性磷酸酶

第五节　电阻抗测量法

当细菌生长时，将大分子物质降解成小的带高电荷的粒子，从而改变周围培养基的导电性能。通过测定阻抗或电导变化，可以了解生物活动情况。当微生物含量达到某一值时，阻抗的变化与微生物含量呈相关性，即与污染程度呈相关性。

根据电阻抗测量的原理，关键是要选用适宜的培养基，以保证任何电导（或电阻抗）的变化都是由目标微生物的生长所致，通过仪器检测电导（或电阻抗）的改变来确定是否存在被检微生物。马萨斯公司（Malthus Instrument Ltd.）的 Malthus 系统是经 AOAC 认可批准的唯一用于检测（初筛）沙门氏菌的电导仪。其关键技术是在亚硒酸盐胱氨酸肉汤（沙门氏菌选择性肉汤）中使用含有如二水氧化三甲胺（TMAO）或盐酸三甲胺这样一类中性不带电荷的分子，当被细菌还原成三甲胺后，电导性质明显改变。根据选用的专一性培养基不同，电导（或电阻抗法）还可用于大肠杆菌、李斯特氏菌、弯曲杆菌等的初筛检验。

Firstenberg-Eden 曾分别应用阻抗法和传统平板计数法检测鲜奶中细菌总数，结果表明，阻抗方法测定的阻抗变化与平板生长的菌落代谢密切相关。通过对消毒牛乳及灌肠类食品进行细菌总数的测定发现，阻抗法同传统平板计数法相比，相关性良好，所检出的样品合格率差别不大，且能在较短时间内（7~8h）检测大量样品，同传统方法需48h相比，大幅缩短了检验周期。

法国生物梅里埃公司的Bactometer系统便是基于阻抗法的全自动微生物监测系统。该系统已用于乳制品、肉制品、海产品、蔬菜、冷冻食品、糖果、糕点、饮料、化妆品中的总菌数、大肠菌群、霉菌和酵母菌计数以及乳酸菌、嗜热菌等的测试，操作方便、快速，结果准确。李小燕应用该法快速检测了鲜奶中的大肠菌群。操作时将一个接种有微生物的生长培养基置于一个装有一对不锈钢电极的容器内，测定因微生物生长而产生的阻抗（及其组分）改变，对微生物进行监测。利用该系统可测试微弱的变化，从而比传统平板法能更快速地监测微生物的存在及数量；利用该系统进行检测，结果可于数小时内报告，便于在工业上进行快速品质控制；该系统简单、方便，样本的前处理可减至最低；根据预设的污染上限，试验结果以不同色彩显示在终端机上，安全可靠；样本颜色及光学特性不影响读数；另外，污染度低于10^6~10^7cfu/mL的样本无需预先稀释。Bactometer可同时用电阻抗、电容抗和总抗阻三种参数进行监测，可同时处理64~512个样本。

参考文献

［1］李自刚，李大伟．食品微生物检验技术［M］．北京：中国轻工业出版社，2018.

［2］罗红霞，王建．食品微生物检验技术［M］．北京：中国轻工业出版社，2018.

［3］岳晓禹，杨玉红．食品微生物检验［M］．北京：中国农业科学技术出版社，2017.

［4］贺稚非，刘素纯，刘书亮．食品微生物检验原理与方法［M］．北京：科学出版社，2016.

［5］李凤梅．食品微生物检验［M］．北京：化学出版社，2015.

［6］侯红漫．食品微生物检验技术［M］．北京：中国农业出版社，2009.

［7］杨玉红．食品微生物检验技术［M］．武汉：武汉理工大学出版社，2016.

［8］张磊，李奇．食品微生物检验［M］．北京：中国劳动社会保障出版社，2013.

［9］郝生宏，关秀杰．微生物检验［M］．2 版．北京：化学工业出版社,2015.

［10］姚勇芳．食品微生物检验技术［M］．北京：科学出版社，2010.

［11］毕韬韬，张子成．食品微生物检测［M］．北京：中国科学技术出版社，2013.

［12］董明盛，贾英民．食品微生物学［M］．北京：中国轻工业出版社，2013.

［13］杨玉红，陈淑苑．食品微生物学［M］．武汉：武汉理工大学出版社，2012.

［14］朱乐敏．食品微生物学［M］．北京：化学工业出版社，2010.

［15］唐艳红，王海伟．食品微生物［M］．北京：中国科学技术出版社，2013.

［16］魏明奎，段鸿斌．食品微生物检验技术［M］．北京：化学工业出版社，2008.

[17] 刘用成. 食品检验技术（微生物部分）[M]. 北京：中国轻工业出版社，2009.

[18] 姚勇芳. 食品微生物检验技术 [M]. 北京：科学出版社，2011.

[19] 王大勇，方震东. 食源性致病菌快速检测技术研究进展 [J]. 微生物学志，2009，29（5）：27-30.

[20] Weaver R. F. 分子生物学（原书第5版）[M]. 郑用链，等译. 北京：科学出版社，2013.

[21] 臧晋，蔡庄红. 分子生物学基础 [M]. 2版. 北京：化学工业出版社，2012.

[22] 袁红雨. 分子生物学 [M]. 北京：化学工业出版社，2012.

[23] 卢向阳. 分子生物学 [M]. 2版. 北京：中国农业出版社，2011.

[24] 唐炳华. 分子生物学 [M]. 北京：中国中医药出版社，2011.

[25] 乔中东. 分子生物学 [M]. 北京：军事医学科学出版社，2011.

[26] 赵武玲. 分子生物学 [M]. 北京：中国农业大学出版社，2010.

[27] 杨建雄. 分子生物学 [M]. 北京：化学工业出版社，2009.

[28] 静国忠. 基因工程及其分子生物学基础——分子生物学基础分册 [M]. 2版. 北京：北京大学出版社，2009.

[29] 张莎，李立，姜卫星，等. 琼脂凝胶免疫扩散试验（AGID）在检测珍稀雉类新城疫病毒上的应用 [J]. 湖南林业科技，2004，31（1）：445.

[30] 鲁满新. 现代检测技术在食品安全中的应用 [J]. 安徽农业科学，2007，35（21）：6589-6590.

[31] 郭振泉，郭云昌，刘秀梅. 食源性致病菌检测方法研究进展——分子生物学检测方法 [J]. 中国食品卫生杂志，2007，19（2）：153-157.

[32] 王洪水，侯相山. 基因芯片技术研究进展 [J]. 安徽农业科学，2007，35（8）：2241-2243，2245.

[33] 杜巍. 基因芯片技术在食品检测中的应用 [J]. 生物技术通讯，2006，17（2）：296-298.

[34] Dalgaard P，Buch P，Silberg S，et al. Seafood Spoilage Predictor-development and distribution of a product specific application software [J]. Intematiorml Journal of Food Microbiology，2002（73）：343-349.

[35] Isabelle L, Andre L. Quantitative prediction of microbial behaviour during food processing USing an integrated modeling approach: a review [J]. Intematiohal Journal of Refrigeration, 2006 (29): 968-984.

[36] Jang C C, Kyung J P, Hyuk S I, et al. A novel continuous toxicity test system using a luminously modified freshwater bacterium [J]. Biosensors and Bioelectronics, 2004 (20): 338-344.

[37] Justin M Hettick, Michael L Kashon, Janet P Simpson. Proteomie profiling of intact mycobacteria by matrix - assisted laser desorption/ionization time - of - flight mass spectrometry [J]. Anal. cham, 2004 (19): 5769-5776.

[38] Lawrence Goodridge, Mansel Griffiths. Reporter bacteriophage assays as a means to detect food-borne pathogenic bacteria [J]. Food Research International, 2002 (35): 863-870.

[39] McMeekin T A, Ratkowsky D A. Predictive microbiology: towards the interface and beyond [J]. Internatiol Journal of Food Microbiology, 2002 (73): 395-407.

[40] Nakatani H, Nakamura K, Yamamoto Y, et al. Epidemiology, pathology, and iIrllTIUnohistochemistry of layer hens naturally affected with H5Nl highly pathogenic avian influenza in Japan [J]. AvianDis, 2005 (49): 436-441.

[41] Rodriguez - Lazaro D. Trends in analytical methodology in food safety and quality: mollitoring microorganisms and genetically modified organisms [J]. Trends in Food Science & Technology, 2007 (18): 306-319.

[42] Tiwari R P, Garg SK, BharlTlal R N, et al. Rapid liposomal aggluti-nation card test for the detection of antigens in patients with active tuberculosis [J]. int J Tuberc Lung Dis, 2007 (10): 1143-1151.

[43] Chen B, Wu Q, Xu Y. Filamentous fungal diversity and community structure associated with the solid state fermentation of Chinese Maotai-flavor liquor [J]. International Journal of Food Microbiology, 2014 (179): 80-84.

[44] Song G, Dickins BJA, Demeter J, et al. AGAPE (automated genome analysis PipelinE) for Pan - genome analysis of Saccharomyces cerevisiae

[J]. PLoS One, 2015, 10 (3): e0120671.

[45] Jung JY, Lee SH, Kim JM, et al. Metagenomic analysis of kimchi, the Korean traditional fermented food [J]. Applied and Environmental Microbiology, 2011, 77 (7): 2264-2274.

[46] Sanschagrin S, Yergeau E. Next-generation Sequencing of 16S Ribosomal RNA Gene Amplicons [J]. J Vis Exp, 2014, 90 (90): e51709.